Meine
Elektronik
Werkstatt

Coole Gadgets
für ausgefuchste Tüftler

Mike Warren

DK | Penguin Random House

Lektorat Laura Knowles, Maxime Boucknooghe
Gestaltung und Bildredaktion Susi Martin, Tall Tree Ltd
Illustrationen Antony Evans/Beehive Illustration

Für die deutsche Ausgabe:
Programmleitung Monika Schlitzer
Redaktionsleitung Martina Glöde
Projektbetreuung Sebastian Twardokus
Herstellungsleitung Dorothee Whittaker
Herstellungskoordination Arnika Marx
Herstellung und Covergestaltung Stefanie Staat

Titel der englischen Originalausgabe:
The Gadget Inventor Handbook

Übersetzung Carsten Heinisch
Lektorat Claus Keller

ISBN 978-3-8310-3461-1

Druck und Bindung Toppan Leefung, China

Besuchen Sie uns im Internet
www.dorlingkindersley.de

Hinweis
Die Informationen und Ratschläge in
diesem Buch sind von den Autoren und
vom Verlag sorgfältig erwogen und
geprüft, dennoch kann eine Garantie
nicht übernommen werden.

Eine Haftung der Autoren bzw.
des Verlags und seiner Be-
auftragten für Personen-,
Sach- und Vermögens-
schäden ist ausge-
schlossen.

Inhaltsverzeichnis

Die richtige Ausrüstung

Es ist überhaupt nicht schwer, Spielereien aus Elektronik zu bauen – und es macht Spaß! Die meisten Bauteile dazu findest du in alltäglichen Geräten. Sie lassen sich auf vielfältige Weise zusammensetzen, sodass du alle Arten von Dingen bauen kannst.

In diesem Buch kommen nur ganz einfache Bauteile und Schaltungen vor. Außerdem sind es in vielen Gadgets immer wieder dieselben Teile, sodass du lernst, wie man sie schnell und einfach einbaut und verwendet. Auf dieser Seite findest du die Grundausrüstung, die du zum Bau von elektronischen Gadgets brauchst.

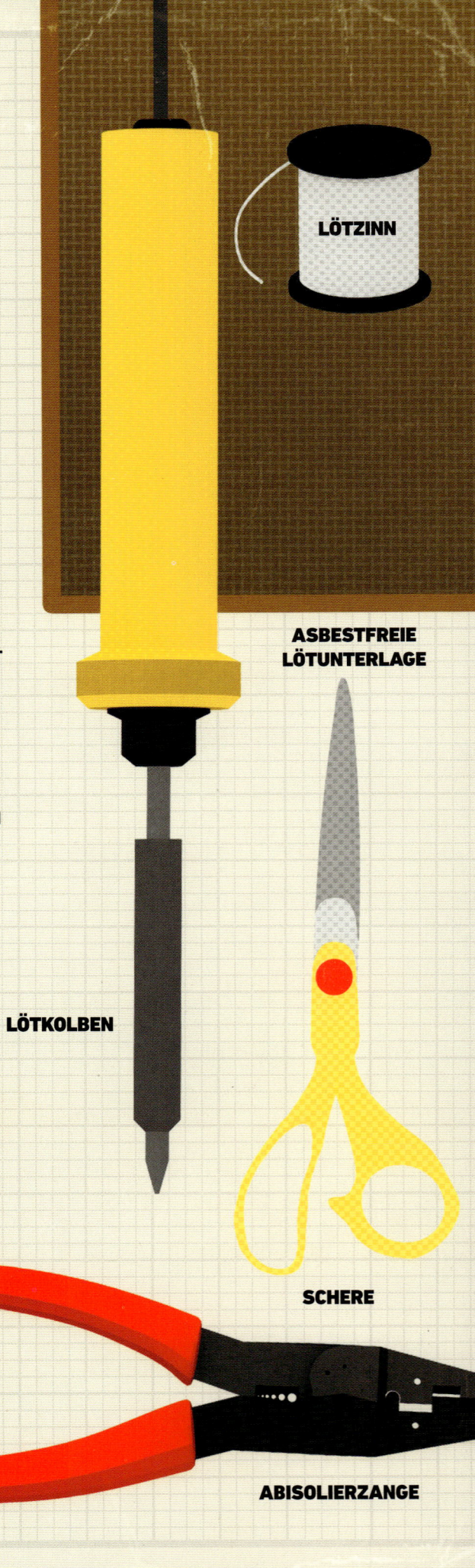

LÖTZINN

ASBESTFREIE LÖTUNTERLAGE

LÖTKOLBEN

SCHERE

SCHRUMPFSCHLAUCH

KABELSCHNEIDER

EINADRIGES KABEL

ABISOLIERZANGE

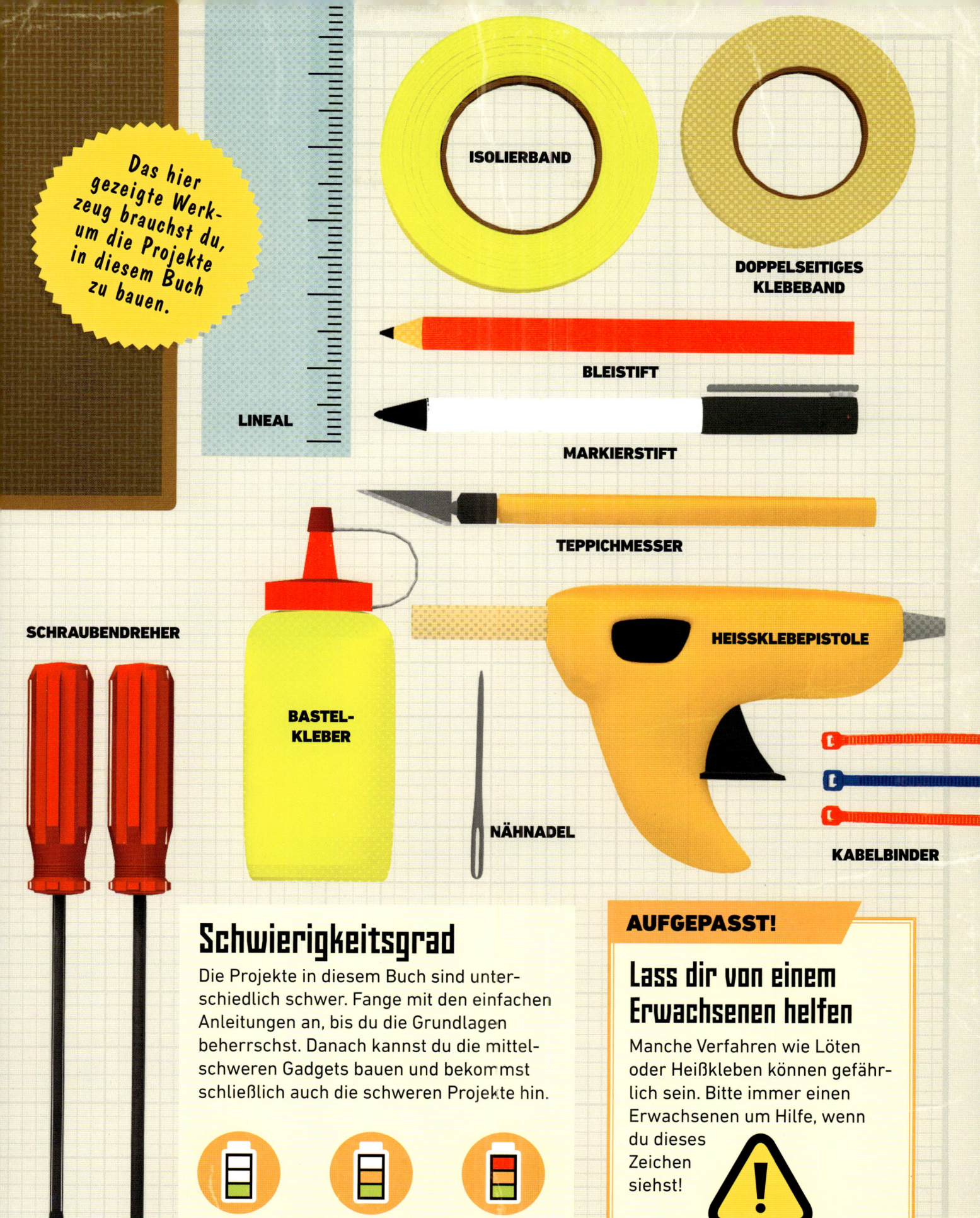

Das hier gezeigte Werkzeug brauchst du, um die Projekte in diesem Buch zu bauen.

ISOLIERBAND

DOPPELSEITIGES KLEBEBAND

BLEISTIFT

MARKIERSTIFT

LINEAL

TEPPICHMESSER

SCHRAUBENDREHER

BASTEL-KLEBER

HEISSKLEBEPISTOLE

NÄHNADEL

KABELBINDER

Schwierigkeitsgrad

Die Projekte in diesem Buch sind unterschiedlich schwer. Fange mit den einfachen Anleitungen an, bis du die Grundlagen beherrschst. Danach kannst du die mittelschweren Gadgets bauen und bekommst schließlich auch die schweren Projekte hin.

EINFACH

MITTEL

SCHWER

AUFGEPASST!

Lass dir von einem Erwachsenen helfen

Manche Verfahren wie Löten oder Heißkleben können gefährlich sein. Bitte immer einen Erwachsenen um Hilfe, wenn du dieses Zeichen siehst!

Was ist ein Stromkreis?

Ein elektrischer Stromkreis ist wie eine Rennbahn, wo Start und Ziel für die Läufer gleich sind. Die Batterie ist die Startlinie. Der Strom fließt durch die einzelnen Teile und endet zum Schluss wieder in der Batterie – der Stromkreis ist geschlossen. Von einem offenen Stromkreis spricht man, wenn der Stromkreis unterbrochen ist und somit kein Strom fließen kann.

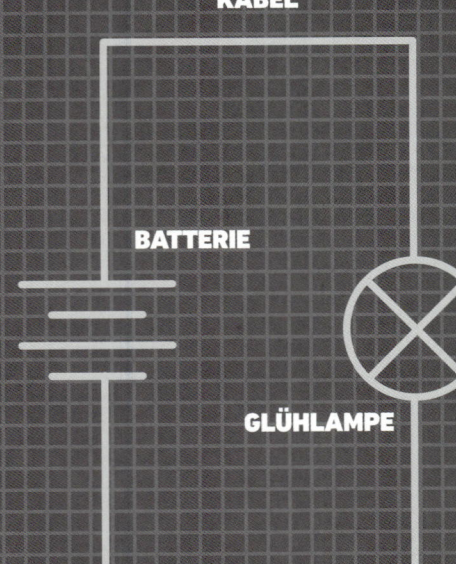

KABEL

BATTERIE

GLÜHLAMPE

Leg den Schalter um!

Wir wissen, dass man mit einem Schalter das Licht an- oder ausmachen kann. Eigentlich schließt oder unterbricht er aber nur den Stromkreis. Es gibt viele Arten von Schaltern. In diesem Buch geht es nur um einpolige Einschalter (international als SPST bezeichnet), einpolige Wechselschalter (SPDT) und Taster.

EINSCHALTER

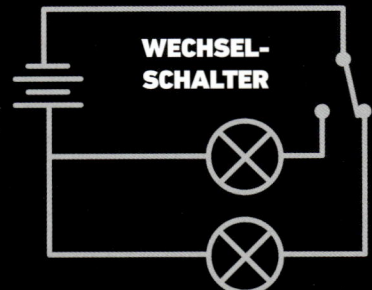

WECHSEL-SCHALTER

Schalter

Einschalter (SPST) sind die häufigsten Bautypen und kommen z. B. als Lichtschalter vor. Sie können nur einen einzigen Stromkreis öffnen oder schließen. Ein Wechselschalter (SPDT) hingegen öffnet einen Stromkreis, wenn er einen anderen schließt.

Taster

Auch ein Taster schließt einen Stromkreis, aber nur so lange, wie man ihn drückt. Sobald man ihn loslässt, ist der Stromkreis unterbrochen. Damit eignen sich Taster hervorragend für elektronische Projekte, in denen der Strom nur eine bestimmte Zeit lang fließen soll.

Anschlüsse

Wenn du deinen Schalter genauer anschaust, dann siehst du auf der Unterseite kleine Kerben und Aufschriften, die angeben, wie der Schalter arbeitet. Normalerweise gibt es bei einem Schalter immer einen Eingangs- und einen Ausgangsanschluss. Wenn es mehrere Anschlüsse gibt, steht drauf, wie man sie verkabeln muss.

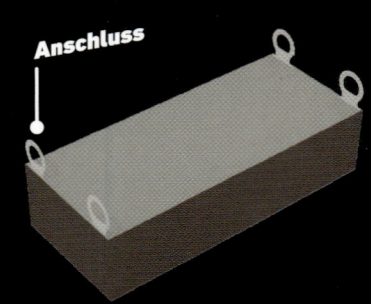

Anschluss

KABEL

+

BATTERIE

GLÜHLAMPE

-

Wenn wir über Elektrizität reden, stoßen wir auf die Begriffe Spannung, Strom und Widerstand. Doch was bedeuten sie?

Stell dir einen großen Wassertank vor, der unten einen Ablassschlauch hat. Oben im Tank herrscht ein bestimmter Wasserdruck, unten am Schlauchende ein anderer. Dieser Druckunterschied lässt Wasser aus dem Schlauch laufen. Das ist die Spannung (angegeben in der Einheit Volt).

Der elektrische Widerstand ist wie ein Hindernis im Schlauch, das den Wasserfluss hemmt.

Die Dicke des Schlauchs bestimmt, wie viel Wasser hindurchkommt – das ist die Stromstärke (angegeben in der Einheit Ampere).

Man unterscheidet Wechselstrom (international abgekürzt als AC) und Gleichstrom (DC). Wechselstrom heißt so, weil er seine Richtung viele Male pro Sekunde ändert. Der Strom, der aus der Steckdose kommt, ist Wechselstrom. Gleichstrom fließt dagegen immer in die gleiche Richtung. Für alle Projekte in diesem Buch braucht man Gleichstrom, etwa aus e ner Batterie.

Verwende in keinem der hier beschriebenen Projekte eine andere Batterie als angegeben. Stecke niemals ein Gadget in die Steckdose!

WIE HERUM EINSETZEN?

Polarität von Batterien

Jetzt, wo wir wissen, dass Gleichstrom immer in eine Richtung fließt, müssen wir diese Richtung festlegen. Jede Batterie hat zwei Anschlüsse, sogenannte Pole. Sie sind mit einem Symbol gekennzeichnet („+" oder „–") und heißen Pluspol oder Minuspol.

Bei manchen Bauteilen (z. B. Glühlampen) ist es egal, in welcher Richtung sie vom Strom durchflossen werden. Andere Teile (z. B. LEDs) haben eine Polarität, d. h., der Strom muss eine bestimmte Richtung haben. Wenn deine Schaltung nicht richtig funktioniert, hast du die Batterie vielleicht falsch herum eingesetzt. Versuche sie umzudrehen, damit der Strom durch sie fließen kann.

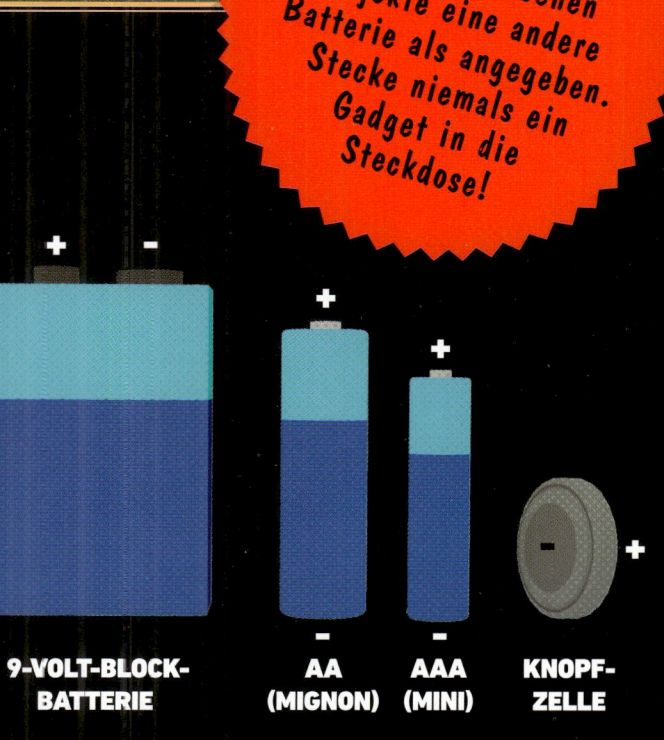

+ **-**

+

+

- **+**

9-VOLT-BLOCK-BATTERIE

AA (MIGNON)

AAA (MINI)

KNOPF-ZELLE

Arten von Stromkreisen

Wenn man zwei oder mehr Bauteile in einen Stromkreis einbaut, gibt es zwei Möglichkeiten – man kann sie parallel oder in Reihe schalten.

Steckplatine

Mit einer Steckplatine kannst du deinen Stromkreis prüfen, bevor du mit dem Löten beginnst. Die Platine hat positive (+) und negative (−) Anschlüsse an den Schienen auf den beiden Außenseiten (im Bild durch rote (+) und blaue (−) Linien dargestellt). Du kannst Strom von den seitlichen Anschlüssen in die Mitte der Platine leiten.

In Reihe

Verkabelt man die Bauteile in Reihe (man sagt auch „in Serie"), sind sie wie im Gänsemarsch hintereinander angeordnet. Durch jedes einzelne Bauteil fließt dann dieselbe Menge Strom. Der Nachteil dabei: Wenn eines der Bauteile entlang der Reihe kaputt geht, ist der komplette Stromkreis unterbrochen und es fließt gar kein Strom mehr.

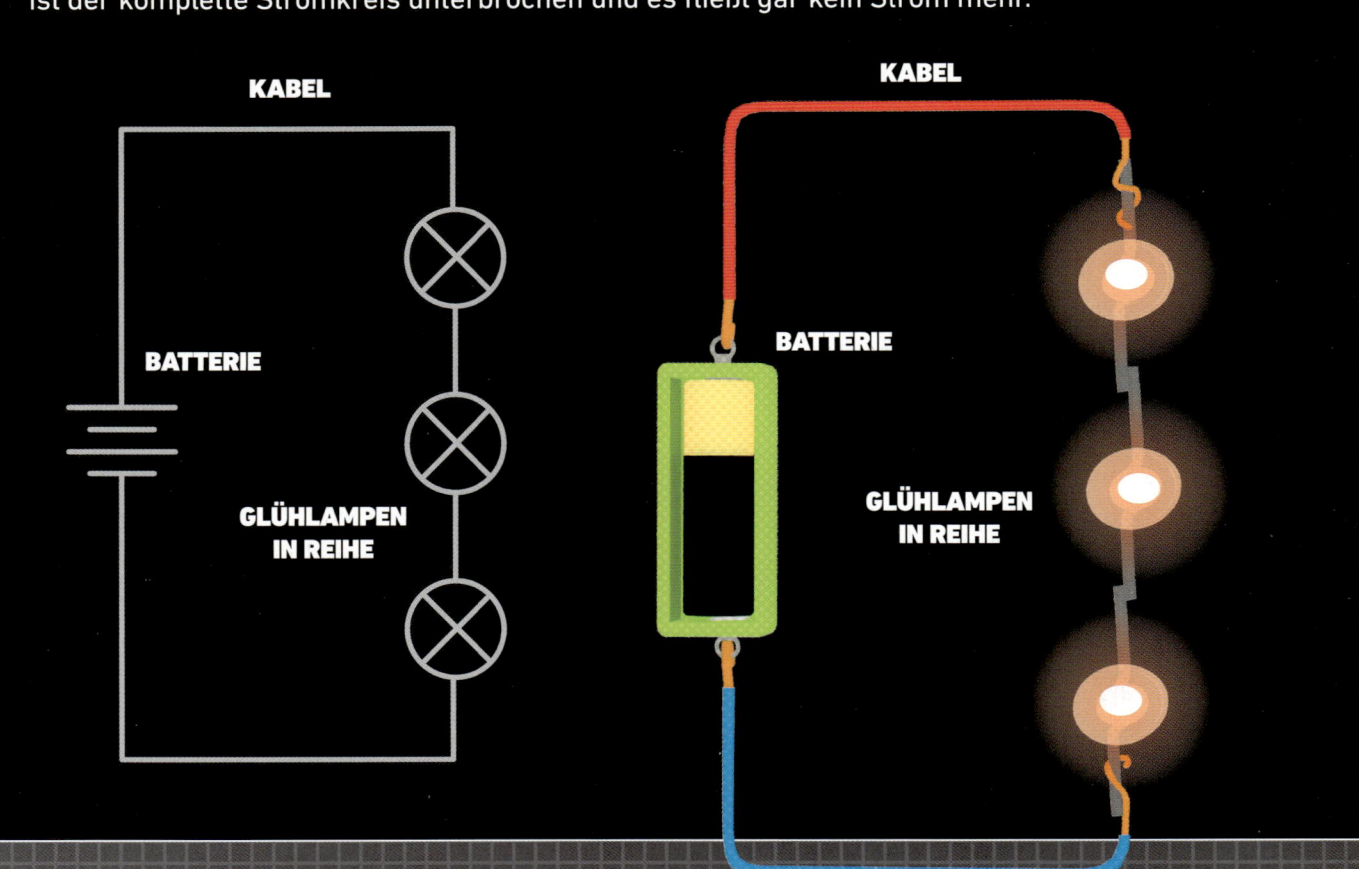

KABEL

KABEL

BATTERIE

BATTERIE

GLÜHLAMPEN IN REIHE

GLÜHLAMPEN IN REIHE

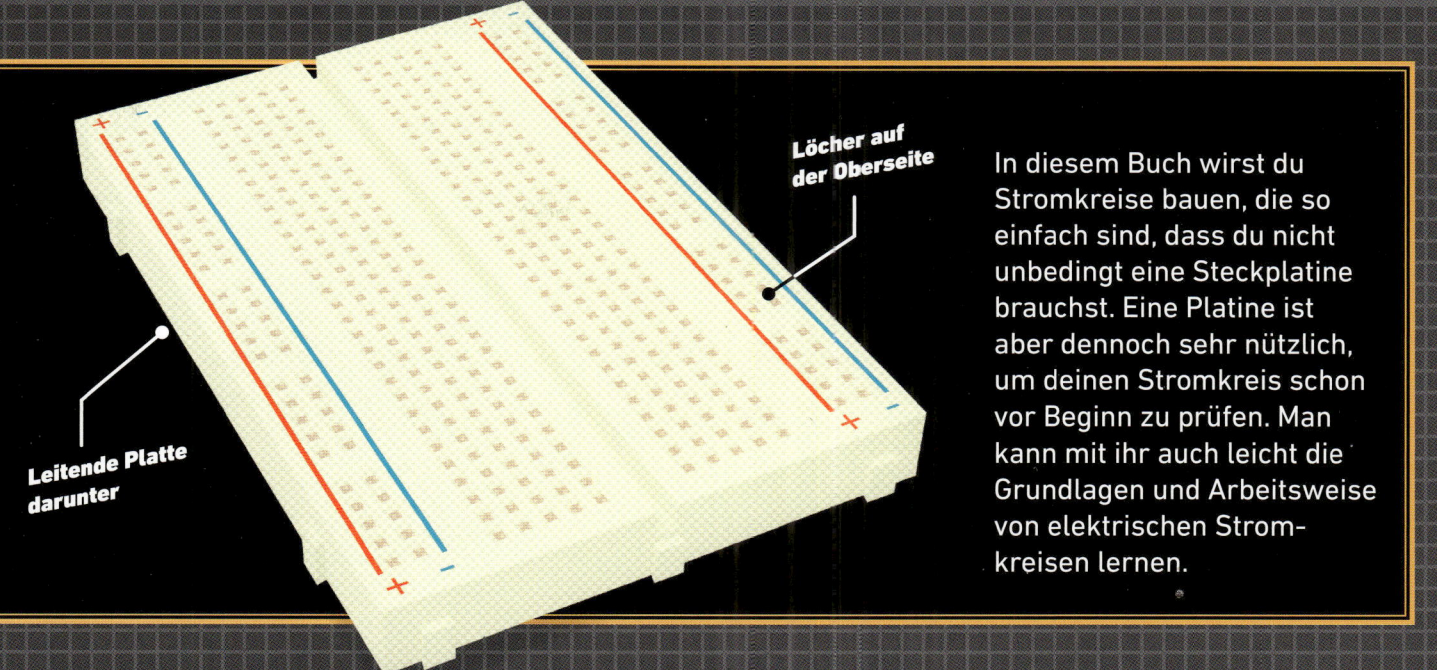

Löcher auf der Oberseite

Leitende Platte darunter

In diesem Buch wirst du Stromkreise bauen, die so einfach sind, dass du nicht unbedingt eine Steckplatine brauchst. Eine Platine ist aber dennoch sehr nützlich, um deinen Stromkreis schon vor Beginn zu prüfen. Man kann mit ihr auch leicht die Grundlagen und Arbeitsweise von elektrischen Stromkreisen lernen.

Parallel

In einem parallelen Stromkreis sind die Bauteile wie „gestapelt" – jedes Bauteil ist so eingebaut, dass die Polarität (siehe S. 7) gleich ist. Alle Bauteile bekommen dieselbe Spannung. Wenn ein Teil kaputt geht, funktioniert der Rest des Stromkreises noch.

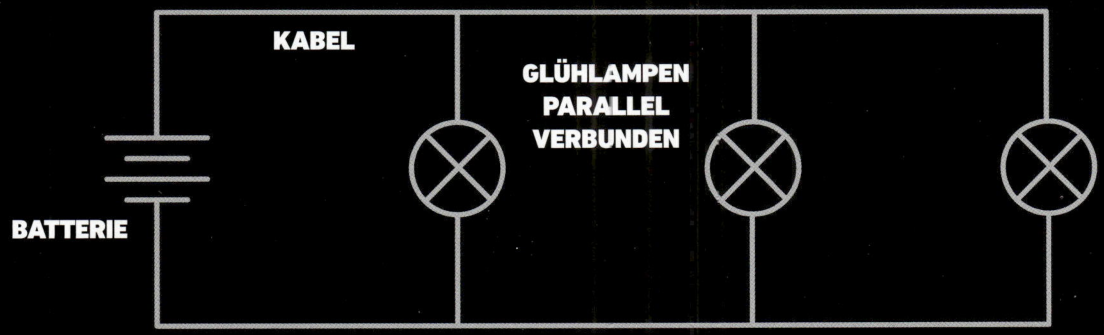

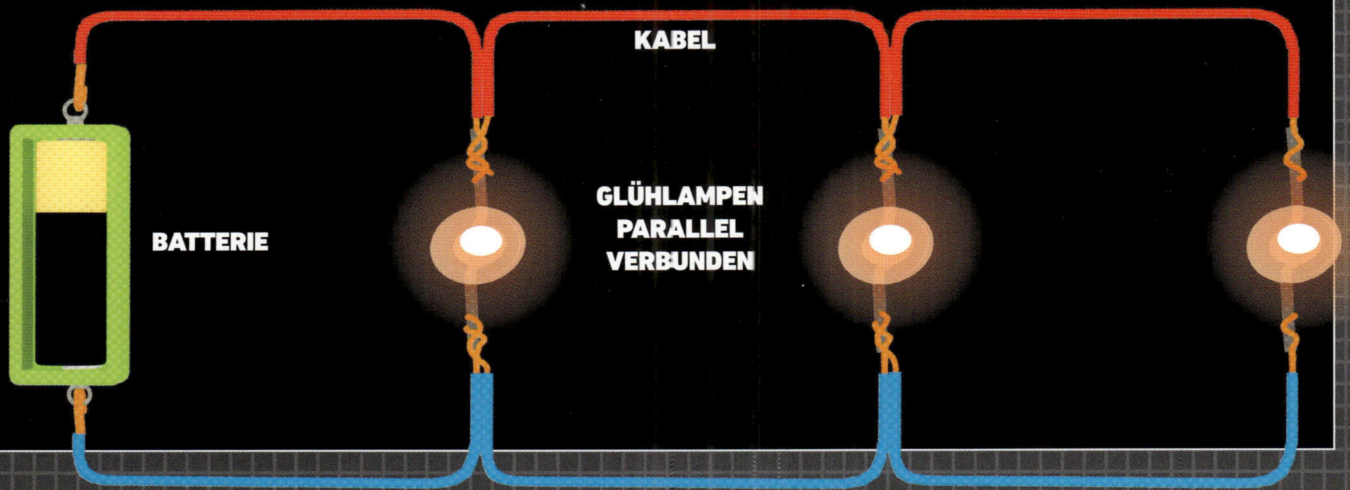

KABEL

GLÜHLAMPEN
PARALLEL
VERBUNDEN

BATTERIE

KABEL

GLÜHLAMPEN
PARALLEL
VERBUNDEN

BATTERIE

Kabel abisolieren

Kabel sind die Verbindungen zwischen verschiedenen Bauteilen. Sie so vorzubereiten, dass man sie verwenden kann, ist ein wesentlicher Schritt beim Aufbau eines Stromkreises.

Die Kabel werden durch eine farbige Kunststoffisolierung geschützt, damit es zu keinem Kurzschluss kommt. Um einen Stromkreis aufzubauen, muss man einen Teil der Isolierung entfernen und die innere sogenannte Litze freilegen. Man nennt das ein Kabel abisolieren. Das ist eigentlich einfach, braucht aber ein bisschen Übung, damit man nicht zu viel und nicht zu wenig Isolierung entfernt.

Du brauchst:

- **Elektrische Kabel**
- **Kabelschneider**
- **Abisolierzange**

Wie man Kabel schneidet

Wenn du ein Kabel abschneidest, sollte das Stück immer etwas länger sein als das, das du brauchst. Was zu viel ist, kannst du am Ende leicht abschneiden. Miss die benötigte Länge sorgfältig ab. Verschiedenfarbige Kabel erleichtern den Überblick in deinem Projekt. Die Kabel, die du verwendest, können innen unterschiedlich aussehen, aber sie leiten alle Strom und sind so für die Projekte in diesem Buch geeignet.

VERSCHIEDENFARBIGE KABEL

Kerben in der Schneidfläche

KABELSCHNEIDER

ABISOLIERZANGE

Wie man Kabelenden abisoliert

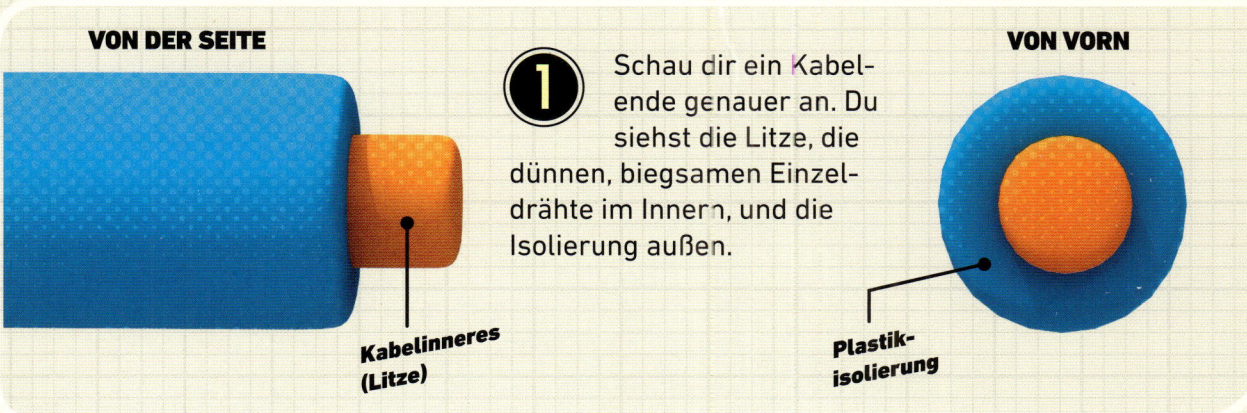

VON DER SEITE

VON VORN

1 Schau dir ein Kabelende genauer an. Du siehst die Litze, die dünnen, biegsamen Einzeldrähte im Innern, und die Isolierung außen.

Kabelinneres (Litze)

Plastikisolierung

2 Die isolierende Plastikhülle um ein Kabel kann man am besten mit einer Abisolierzange entfernen. Sie sieht aus wie eine kurze Schere mit verschieden großen Kerben an der Innenseite. Da Kabel verschieden dick sind, musst du die Kerbe mit der richtigen Größe auswählen. Dann passt sie genau um ein Kabel herum und hält das Plastik fest, ohne die Litze innen zu beschädigen.

3 Wenn du die Plastikisolierung entfernt hast, sollte das blanke Kabelende höchstens etwa 1 cm lang sein. So ist die Gefahr geringer, dass zufällig etwas das abisolierte Kabel berührt und einen Kurzschluss verursacht.

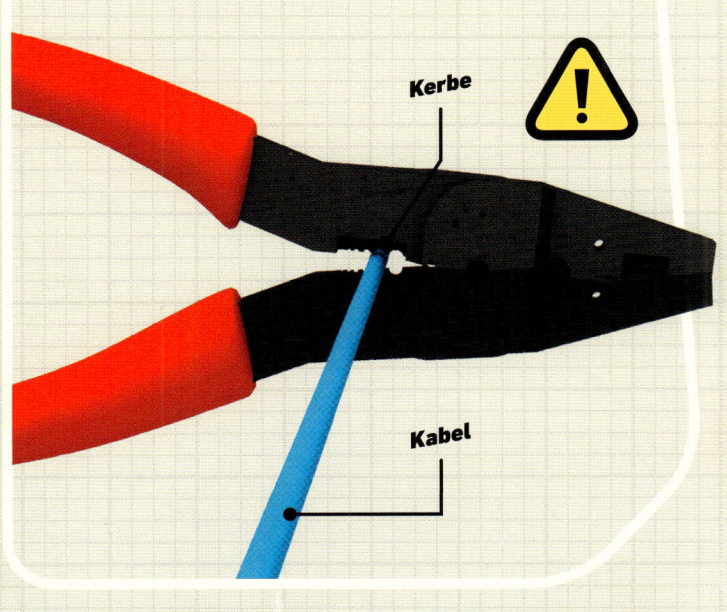

Kerbe

Kabel

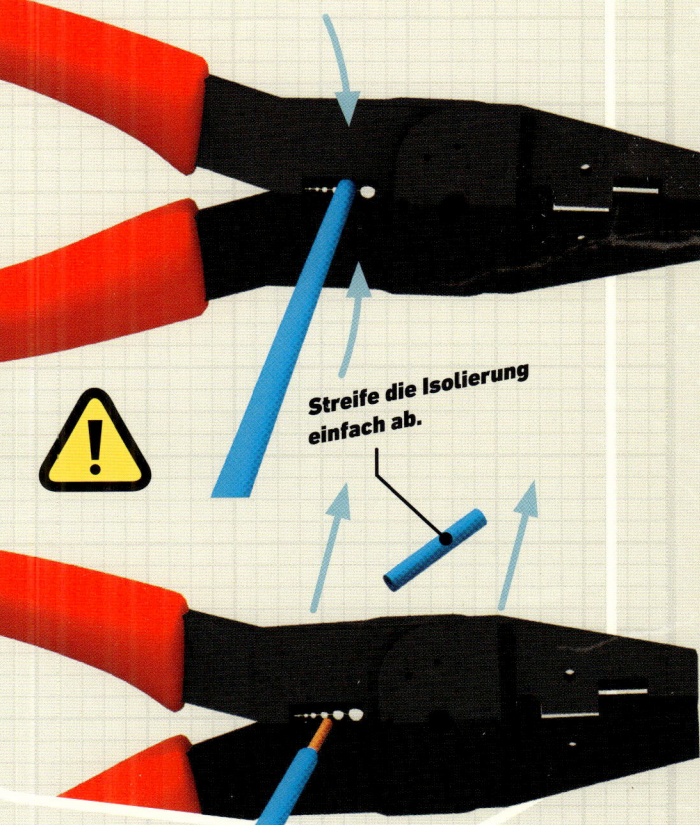

Streife die Isolierung einfach ab.

So lötest du

Beim Löten nutzt man Hitze und ein Metall, das schon bei niedriger Temperatur schmilzt, um zwei Dinge, beispielsweise Kabel, zu verbinden. Die Hitze liefert der Lötkolben, das Metall ist meist Lötzinn (oft in Drahtform). Wenn das Lötzinn abkühlt, wird es fest, und die beiden Dinge sind verbunden. Da Lötzinn elektrisch leitet, kann man es für elektrische Stromkreise verwenden.

Du brauchst:

- **Lötunterlage**
- **Abluftventilator**
- **Lötspitzen-reiniger**
- **Lötzinn und Lötkolben**
- **Elektrisches Kabel**

Kabel löten

Helfende Hand

Manchmal hat man zu viele Dinge, um sie alle auf einmal festzuhalten. Wenn du deine Bauteile in eine Montagehilfe (eine sogenannte dritte Hand) einspannst, hast du beide Hände frei für Lötzinn und Lötkolben.

1 Bevor du mit dem Löten anfängst, räume deinen Arbeitsplatz auf und bereite alles vor.

- Stell sicher, dass die Arbeitsfläche frei ist und nichts herumliegt, das du nicht brauchst.
- Verwende eine stabile, hitzefeste Unterlage. Sie sollte aus einem nicht leitenden Material bestehen (z. B. aus Keramik oder Kohlenstofffasern), nicht aus Kunststoff, Metall oder Holz.
- Der Arbeitsplatz sollte gut belüftet sein, damit der Qualm, der beim Löten entsteht, sofort abziehen kann. Du kannst eine Abzugshaube verwenden, aber ein offenes Fenster und ein Abluftventilator reichen auch.
- Mit einem Lötspitzenreiniger hältst du die Spitze des Lötkolbens sauber.

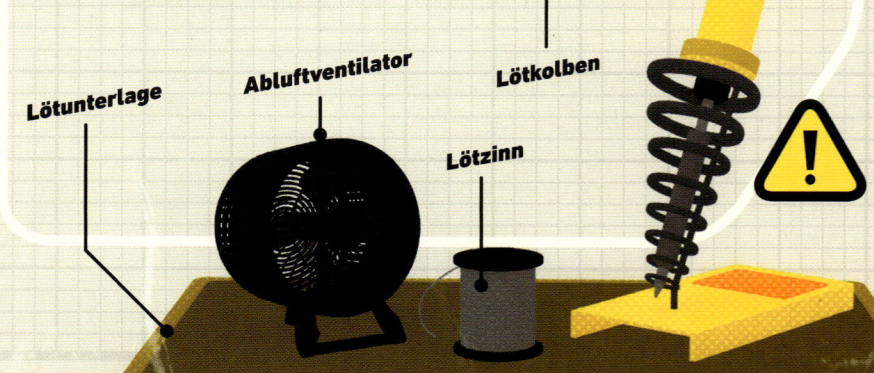

Lötunterlage

Abluftventilator

Lötzinn

Lötkolben

2 Nachdem du deinen Arbeitsplatz aufgeräumt und gesäubert hast, schließt du den Lötkolben an und wartest, bis er heiß geworden ist. Je nach Kolben dauert es etwa 1 Minute, bis die Arbeitstemperatur erreicht ist. Während des Aufheizens kannst du dir die Dinge zurechtlegen, die du löten willst.

3 Verdrille die blanken Enden der beiden Kabel, die du verlöten willst, miteinander. Dann halte die heiße Spitze des Lötkolbens gegen die Kabel und lass sie ein paar Sekunden lang aufheizen.

Erhitze die blanken Kabelenden mit dem Lötkolben.

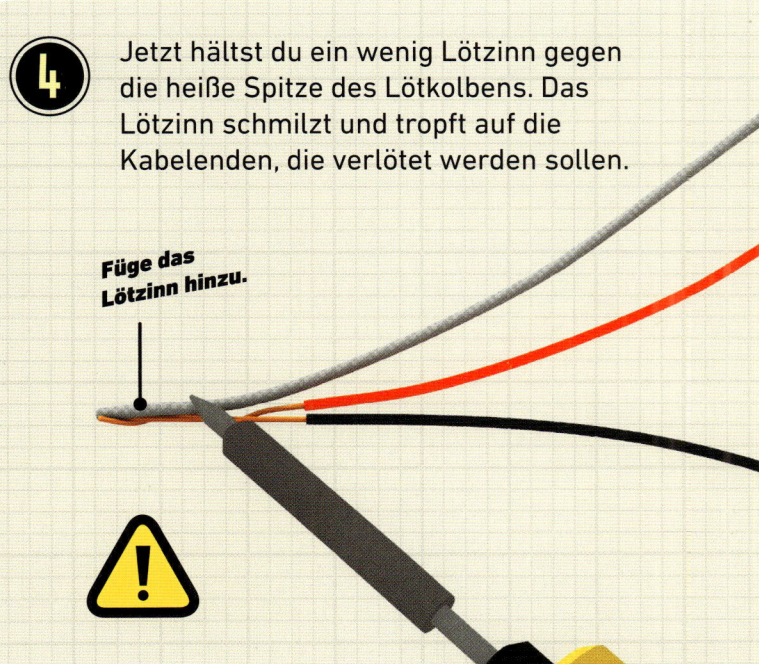

4 Jetzt hältst du ein wenig Lötzinn gegen die heiße Spitze des Lötkolbens. Das Lötzinn schmilzt und tropft auf die Kabelenden, die verlötet werden sollen.

Füge das Lötzinn hinzu.

Bei Problemen

Hast du einen Fehler gemacht? Nicht weiter schlimm. Am einfachsten ist es, die falsche Lötstelle abzuschneiden und noch einmal zu löten. Oder du entlötest die Teile: Erhitze die Stelle mit dem Lötkolben, bis das Lötzinn schmilzt. Dann ziehst du die Teile auseinander. Bei komplizierten Lötverbindungen ist das Entlöten etwas knifflig. Du solltest daher das Löten üben, bevor du mit einem großen Projekt beginnst.

EIN SCHRITT WEITER

Kabelenden verzinnen

Das Verlöten kann einfacher werden, wenn du die Kabelenden verzinnst. Zum Verzinnen lässt du das Lötzinn nur auf eines der Kabel tropfen und abkühlen. Zum Verlöten mit dem anderen Kabel gehst du folgendermaßen vor: Du hältst die beiden Kabel nebeneinander und lässt das Lötzinn auf dem einen Kabel wieder schmelzen. Wenn das Lötzinn abkühlt, verbindet es die beiden Kabel miteinander.

LED-Throwie

Throwies sind einfache Leucht-
objekte, die man an eine Metallober-
fläche, etwa einen Kühlschrank, wirft
(der Name kommt vom englischen
Wort „throw", das „werfen" bedeutet).
Ein Magnet sorgt dafür, dass sie
daran haften bleiben.

Alle Teile sind billig zu bekommen. Du kannst also für wenig Geld einen ganzen Haufen Throwies bauen!

Du brauchst:

- **1 LED (je größer, desto besser), am besten 10 mm Durchmesser**
- **Knopfzelle (wie in einer Armbanduhr)**
- **Klebeband**
- **Kleinen starken Magneten (Seltenerdmagnet)**

Auf geht's

Bei Problemen

Wenn deine LED nicht sofort
angeht, hast du vielleicht
die Anschlüsse verkehrt
angebracht. Drehe die LED
um, sodass die Anschlüsse
die andere Seite der Batterie
berühren. Wenn die LED
leuchtet, kannst du die Farbe
und Helligkeit kontrollieren.

① Stecke die LED so
auf die Knopfzelle,
dass ihre beiden
Beinchen die Pole der Batterie berühren. Das längere
Beinchen ist die Anode. Es
sollte die positive (+) Seite
der Batterie berühren.

② Wenn die LED richtig
sitzt, klebst du die
Beinchen mit Klebe-
band an der Batterie fest.
Das Band muss stramm
sitzen, damit die Beinchen
Kontakt zu den beiden
Batteriepolen haben.

Die LED-Throwies leuchten bis zu 1 Woche. Du kannst sie werfen, sooft du willst.

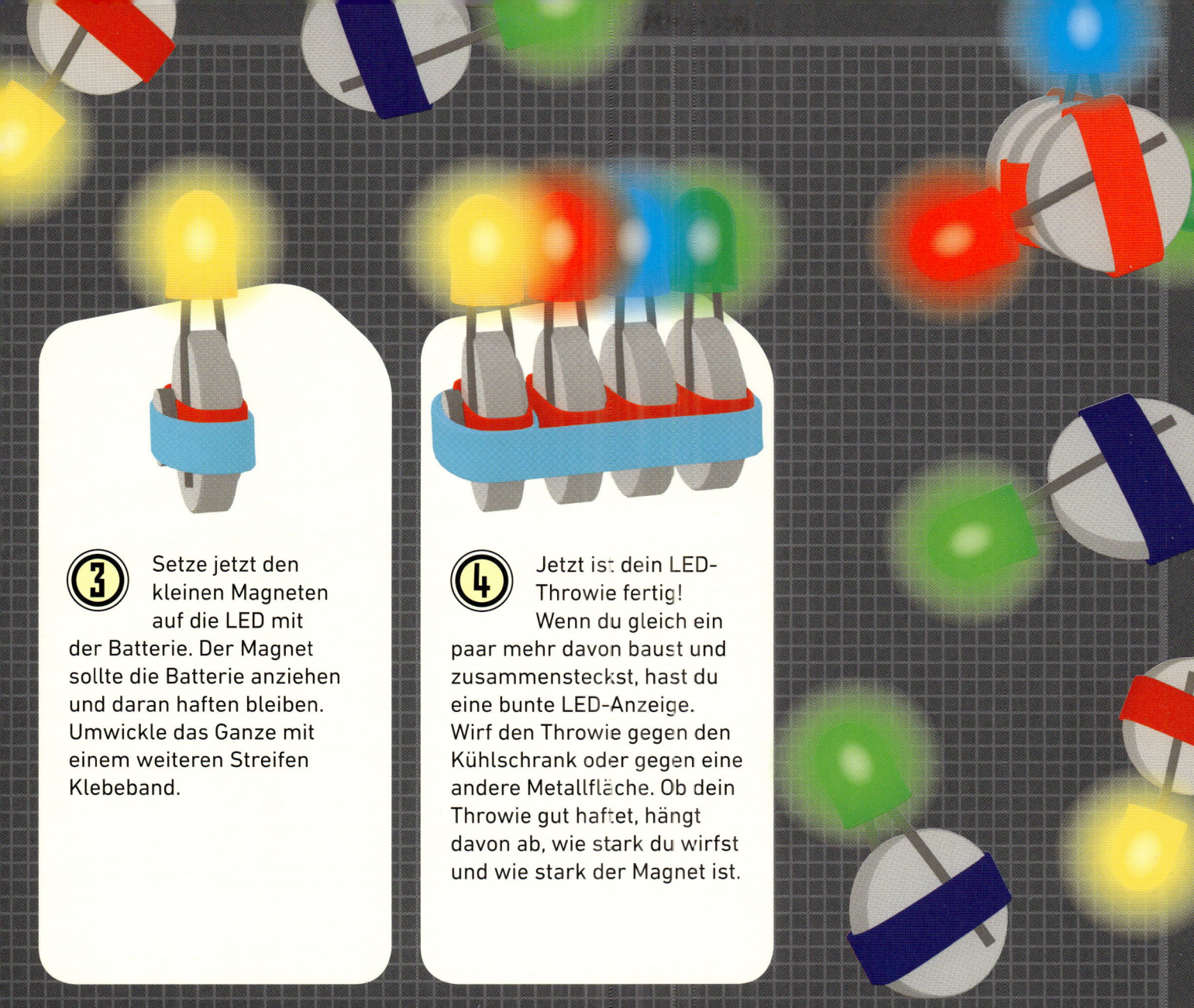

3 Setze jetzt den kleinen Magneten auf die LED mit der Batterie. Der Magnet sollte die Batterie anziehen und daran haften bleiben. Umwickle das Ganze mit einem weiteren Streifen Klebeband.

4 Jetzt ist dein LED-Throwie fertig! Wenn du gleich ein paar mehr davon baust und zusammensteckst, hast du eine bunte LED-Anzeige. Wirf den Throwie gegen den Kühlschrank oder gegen eine andere Metallfläche. Ob dein Throwie gut haftet, hängt davon ab, wie stark du wirfst und wie stark der Magnet ist.

EIN SCHRITT WEITER

Blink-Throwies

Es gibt auch LEDs, die blinken, wenn sie angeschaltet werden. Mit solchen LEDs kannst du Blink-Throwies bauen. Weil sie nicht ständig leuchten, brauchen sie weniger Strom und halten länger als normale LED-Throwies.

LED-Floatie

Ein LED-Floatie ist im Prinzip dasselbe wie ein Throwie, nur hat er keinen Magneten, sondern ist in einen Luftballon eingebaut. Baue eine LED und eine Batterie zusammen und stecke sie in einen Luftballon. Dann bläst du den Ballon auf und knotest ihn zu. Du kannst der Luftballon nun im Wasser schwimmen (englisch „float") lassen.

Verschiedenfarbige LEDs in Ballons mit unterschiedlicher Farbe erzeugen einen noch interessanteren Lichteffekt. Denke aber immer daran, deine Ballons hinterher wieder einzusammeln und pass auf, dass sie nicht davongeweht werden.

Vibrierender Miniroboter

Dieser kleine Roboter ist leicht zu bauen, denn er besteht nur aus vier Teilen. Baue doch gleich ein paar mehr – dann können du und deine Freunde versuchen, euch damit wie Sumo-ringer gegenseitig aus dem Ring zu schieben.

Auf geht's!

Du brauchst:

- 1 Zahnbürste
- 1 kleinen Vibrations-motor (findet man z. B. in elektrischen Zahnbürsten)
- Doppelseitiges Klebeband
- 1 Knopfzelle

1 Schneide den Kopf der Zahnbürste ab. Aus einer alten elektrischen Zahnbürste kannst du den Vibrations-motor entnehmen: Brich das Gehäuse auf, um an den Motor mitsamt den Anschlüssen zu kommen.

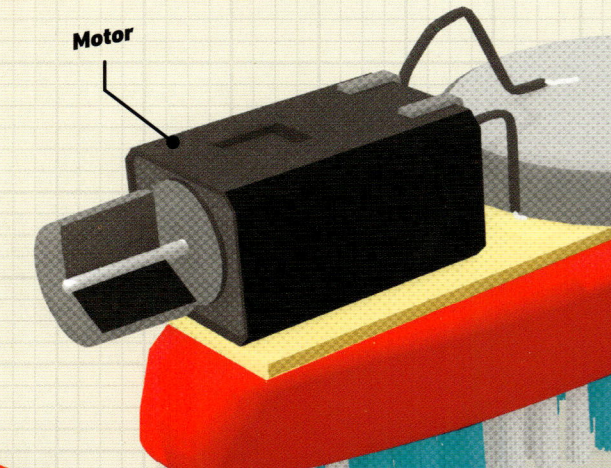

Motor

Knopfzelle

Für die wichtigsten Teile brauchst du nur ein Gerät auszuschlachten.

Doppelseitiges Klebeband

2 Klebe ein Stück doppelseitiges Klebeband auf die flache Rückseite des Zahnbürstenkopfs. Dann befestige den Motor auf dem Klebeband. Das rotierende Ende muss nach vorn zeigen.

3 Nun musst du das Ende von einem der Kabel am Motor abisolieren und auf das Klebeband drücken. Dann klebst du die Batterie direkt auf den blanken Draht.

4 Um den Roboter zu beleben, legst du das zweite Motorkabel oben auf die Batterie. Damit ist der Stromkreis geschlossen und der Roboter wird aktiv. Wie ein Krabbeltier bewegt er sich, solange die Verbindung zwischen Motor und Batterie besteht (oder bis die Batterie leer ist). Zum Stoppen verschiebst du einfach das Kabel so, dass es die Batterie nicht mehr berührt.

Sumoringen

Beim Sumoringen geht es darum, den Gegner von der Matte zu stoßen. Mit ein paar dieser kleinen Roboter kannst du einen „Sumo-Wettbewerb" machen: Nimm ein Schneidebrett und setze deine Roboter darauf. Gewonnen hat der Roboter, der am längsten auf dem Brett bleibt.

EIN SCHRITT WEITER

Dasselbe in groß

Dieser „Putzroboter" ist der große Bruder des Miniroboters. Er arbeitet nach demselben Prinzip, aber man braucht größere Teile und ein paar clevere Tricks, um den Putzroboter zum Laufen zu bringen.

Du brauchst:

- **1 Hobbymotor (z. B. aus einem Batterieventilator, am besten mit 2 AA-Batterien)**
- **Batteriehalter**
- **Lötzinn und Lötkolben**
- **Heißkleber und Heißklebepistole**
- **Große Scheuerbürste**
- **Radiergummi**

1 Hobbymotoren mit Batterie sind sehr verbreitet, z. B. in kleinen Ventilatoren oder Spielzeugautos. Du findest sie billig auf Flohmärkten oder als Sonderangebot in Kaufhäusern. Zum Basteln brauchst den Motor und die Anschlusskabel. Schneide sie beim Ausbauen also nicht ab.

2 Du musst die Enden der Anschlusskabel von Motor und Batteriehalter vorsichtig abisolieren. Dann lötest du die beiden schwarzen und die beiden roten Kabel zusammen. So hast du einen Stromkreis. Wenn du die Batterien einlegst, läuft der Motor.

3 Mit Heißkleber klebst du den Motor an ein Ende vom Kopf der Bürste. Die Motorwelle muss darüber hinausragen. Dann klebst du den Batteriehalter auf das andere Ende der Bürste.

4 Der Miniroboter bewegt sich, weil am Motor ein kleines Gewicht befestigt ist, das eine Unwucht erzeugt. Genauso geht das hier auch. Ein ideales Gewicht ist ein Radiergummi. Stecke ihn etwas oberhalb seiner Mitte auf die Motorwelle. Dann hast du die gewünschte Unwucht. Lege die Batterien in den Halter ein und los geht's!

Selbst gebauter Schalter

Schalter findet man in fast allen elektrischen Geräten. Für die Projekte in diesem Buch kannst du die Schalter aus einem kaputten oder billigen Gerät ausbauen. Aber um zu verstehen, wie ein Schalter funktioniert, baust du dir am besten selbst einen.

Dieser Schalter stellt Kontakt zwischen zwei Teilen eines Stromkreises her, aber nur, solange er gedrückt wird. Einen solchen Schalter nennt man Druckschalter oder Taster.

Einen Schalter wie diesen kannst du in alle Projekte einbauen.

Auf geht's!

Du brauchst:

- **3 dünne Stücke Styropor**
- **Aluminiumfolie**
- **2 Büroklammern**
- **Bastelkleber**
- **Stift**
- **Lineal**
- **Elektrische Kabel**

1 Schneide aus dem Styropor drei gleich große Quadrate (8 cm × 8 cm) und aus der Aluminiumfolie zwei Quadrate (7 cm × 7 cm).

8 CM

7 CM

2 Stecke bei zwei Styropor-Quadraten jeweils eine Büroklammer über eine Kante. Klebe auf die Styropor-Quadrate die Aluminiumfolie auf, sodass sie die untere Hälfte der Büroklammer bedeckt.

Andere Arten von Schaltern werden auf Seite 6 erklärt.

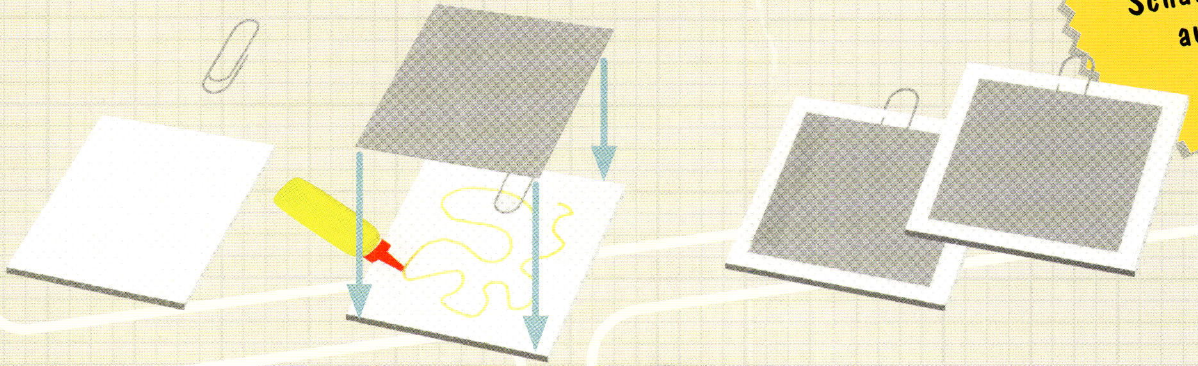

3 Während der Kleber trocknet, zeichnest du auf dem dritten Styropor-Quadrat 2 cm von jeder Kante entfernt eine Linie. Das so entstehende innere Quadrat schneidest du zu einer Art Rahmen aus.

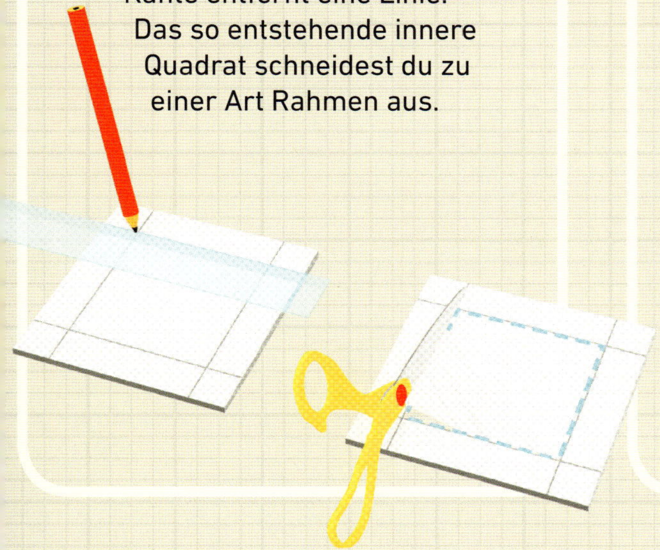

4 Staple die drei Styropor-Quadrate übereinander. Der Rahmen kommt in die Mitte, die Folie auf den beiden anderen Quadraten zeigt jeweils nach innen. Du kannst die Lagen entweder verkleben oder tackern. Dann lötest du als Anschluss ein Kabel an jede Büroklammer (oder wickelst es herum). Fertig ist der Druckschalter!

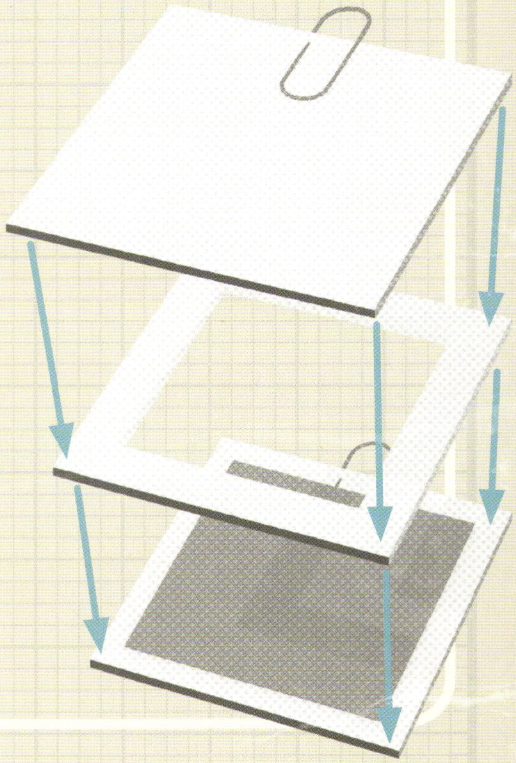

Wie es funktioniert

Wenn du die Mitte des oberen Styropor-Quadrats drückst, berühren sich die Folienstücke innen und schließen den Stromkreis („An"). Wenn du loslässt, geht das Styropor-Stück wieder zurück und der Stromkreis öffnet sich („Aus"). Baue dir einen einfachen Stromkreis, indem du die Kabel an eine Batterie und ein Glühlämpchen anschließt.

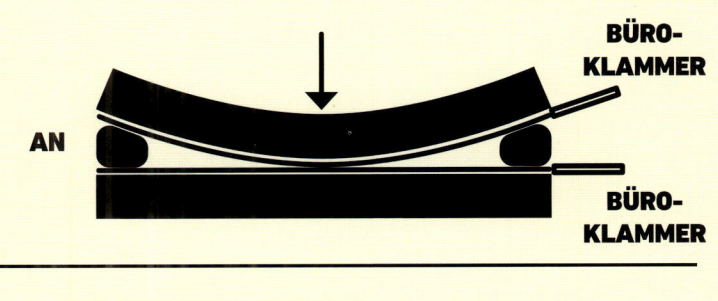

AN

BÜRO-KLAMMER

BÜRO-KLAMMER

AUS

STYROPOR

FOLIE

STYROPOR

Eigene Türklingel

BITTE KLINGELN!

Meist gibt es eine Klingel nur an der Haus- oder Wohnungstür, aber toll wäre doch eine Glocke auch an deinem eigenen Zimmer. Hier erfährst du, wie du ganz einfach eine eigene Klingel für deine Tür baust. So kommt niemand mehr unbemerkt in dein Zimmer.

Du brauchst:

- Lötzinn und Lötkolben
- Mehrere Meter Kabel
- Druckschalter (Klingelknopf)
- 9-Volt-Steckverbindung
- Elektrischen Summer (9 Volt)
- 9-Volt-Batterie
- Doppelseitiges Klebeband

Der Klingelknopf ist ein Druckschalter. Beim Drücken wird der Stromkreis geschlossen und es läutet. Wie du einen Schalter baust, erfährst du auf S. 18–19.

Auf geht's!

① Löte lange Kabel an den beiden Anschlüssen des Druckschalters fest. Die Kabel sollten so lang sein, dass du deine Klingel dort anbringen kannst, wo du möchtest.

Schalter (Klingelknopf)

② Löte eines der Kabel am Klingelknopf an den positiven (+) Pol der Steckverbindung. Dann verlötest du das andere Kabel des Klingelknopfs mit dem positiven Kabel am Summer.

③ Danach verlötest du das negative (–) Kabel am Summer mit der Batterie-Steckverbindung. Summer haben eine Polarität. Achte also darauf, dass du die Kabel richtig anschließt.

Summer

9-Volt-Steck-verbindung

④ Wenn du die 9-Volt-Batterie in die Steck-verbindung einsetzt, ist die Klingel bereit. Wenn du den Klingelknopf drückst, sollte der Summer ein Geräusch machen.

Batterie

Es gibt viele ver-schiedene Summer, die mit unterschiedlichen Spannungen arbeiten. Für dieses Projekt brauchst du einen Summer mit niedriger Spannung (höchstens 9 Volt). Achte darauf, dass deine Batterie zu deinem Summer passt.

⑤ Dank der langen, angelöteten Kabel kannst du den Klingel-knopf mit doppelseitigem Klebeband außen am Türrahmen anbringen, während der Summer und die Batterie auf der Innenseite in deinem Zimmer sind.

LED-Armband

Zeige, was du für einen „leuchtenden" Modegeschmack hast – mit einem coolen LED-Armband, das im Dunkeln leuchtet. Du kannst dein Band mit beliebig vielen LEDs bauen. So ein Armband hat sonst garantiert niemand.

Überlege dir, wie viele LEDs und welche Farben dein Armband haben soll, damit es am besten zu deinem Style passt.

Du brauchst:

- Filzstreifen (etwa 10 cm breit)
- 3 LEDs
- 1 Knopfzellenhalter
- Nadel
- Nähgarn
- Litze
- Druckknöpfe
- 1 Knopfzelle

Auf geht's!

① Lege den Filzstreifen um dein Handgelenk, damit du weißt, wie lang das Armband werden muss. Schneide es auf die richtige Länge zu. Lass genügend Stoff überstehen, damit sich die beiden Enden etwas überlappen.

10 CM

Arbeite auf dieser Seite.

② Teile den Streifen in Gedanken der Länge nach in zwei Hälften. Auf der einen Seite wirst du deine Bauteile einbauen, bevor du den Filzstreifen faltest und die Elektronik damit zudeckst. Das endgültige Armband ist also 5 cm breit.

③ Stecke die Beinchen einer LED in der Mitte einer Hälfte durch den Stoff. Im Abstand von etwa 3 cm steckst du zwei weitere LEDs durch den Stoff. Das positive Beinchen der LEDs muss dabei jeweils zur langen Außenseite des Filzstreifens zeigen. Mit einer Zange biegst du dann die LED-Beinchen zu einer engen Schleife. So sind die LEDs am Filz befestigt.

− +

Du kannst das Armband mit Glitter, Filzstift oder Stickern dekorieren. Vielleicht musst du die LEDs noch einmal amsetzen, damit sie zu deinem Design passen.

④ Nähe den Batteriehalter am Ende des Filzstreifens auf der Unterseite fest, auf der die LED-Beinchen zu sehen sind.

⑤ Nun nähst du mit der Litze (ein Leiter aus vielen sehr dünnen, biegsamen Einzeldrähten) vom positiven Anschluss des Batteriehalters aus und verbindest so die positiven (+) Beinchen der LEDs. Mit einem weiteren Stück Litze vernähst du die negativen (–) LED-Beinchen. Die LEDs sind nun in einem parallelen Stromkreis verbunden.

6 Falte den Filz längs und decke so die Elektronik und den Batteriehalter ab. Dann vernähst du die Längsseiten des Filzstreifens. Lass die kurzen Seiten offen. Dort bringst du im nächsten Schritt die Druckknöpfe als Verschluss an.

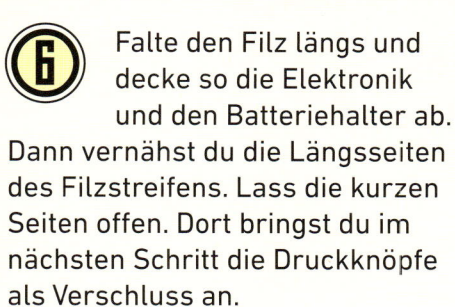

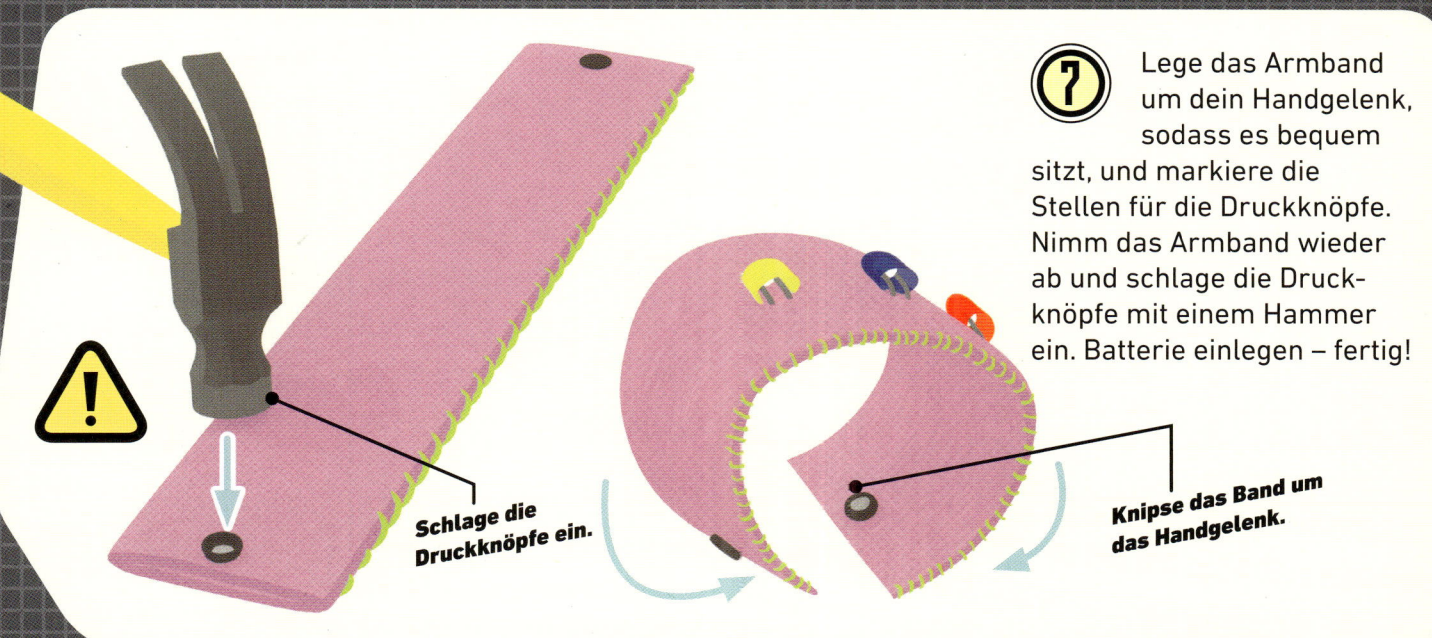

7 Lege das Armband um dein Handgelenk, sodass es bequem sitzt, und markiere die Stellen für die Druckknöpfe. Nimm das Armband wieder ab und schlage die Druckknöpfe mit einem Hammer ein. Batterie einlegen – fertig!

Schlage die Druckknöpfe ein.

Knipse das Band um das Handgelenk.

EIN SCHRITT WEITER

An- und abschalten

Die Enden deines Filzarmbands sind offen. Dadurch kannst du die Batterie einlegen und die LEDs aktivieren. Etwas bequemer ist es, wenn du einen Einschalter einbaust (siehe S. 6). Mit etwas Geschick kannst du auch die Druckknöpfe als Schalter verwenden.

So wie dieses Armband kannst du auch Kleidungsstücke zum Leuchten bringen.

Rennwagen

Deinen eigenen Modellrennwagen zu bauen, ist supereinfach. Und wie bei richtigen Rennwagen kannst du endlos tüfteln, um die Leistung zu verbessern.

Dieser Wagen hat zwei kleine Hobbymotoren, die die Hinterräder antreiben. Die Vorderräder werden nicht angetrieben. Das Fahrgestell bildet einen robusten Kasten für die Batterien. Du kannst es beliebig gestalten und mit dem Wagen Rennen gegen deine Freunde fahren.

Du brauchst:

- **Batterien (passend zu Motoren)**
- **Batteriehalter**
- **2 Motoren**
- **Steckplatine**
- **Elektrische Kabel**
- **1 Wechselschalter**
- **Lötzinn und Lötkolben**
- **Saft- oder Milchkarton**
- **Heißkleber und Heißklebepistole**
- **4 Räder (z. B. Deckel von Getränkeflaschen)**
- **Gummibänder**
- **Bleistift**

Wähle die Motoren

Wie schnell dein Rennwagen fährt, hängt vor allem von den Motoren ab. Besorge dir zwei gleiche Motoren und dazu passende Batterien. Solche Motoren sind z. B. in billigen Batterieventilatoren oder kleinen Spielzeugen eingebaut. Wenn du die Motoren aus solchen Geräten ausbaust, hast du auch schon die passenden Batterien dazu.

Du kannst verschieden große Räder ausprobieren und sehen, wie sich die Geschwindigkeit deines Wagens verändert.

Auf geht's!

1 Suche die zum Motor passenden Batterien und stecke sie in einen Batteriehalter, damit sie beisammenbleiben. So kannst du sie viel leichter mit den Motoren verbinden.

Ein Spoiler verbessert die Bodenhaftung.

2 Prüfe die Verkabelung zuerst auf einer Steckplatine, einer Art Baukasten für Stromkreise, bevor du die Verbindungen zusammenlötest. Verbinde die Batterien mit dem positiven und dem negativen Anschluss. Dann prüfe den Stromkreis anhand des Schaltplans unten.

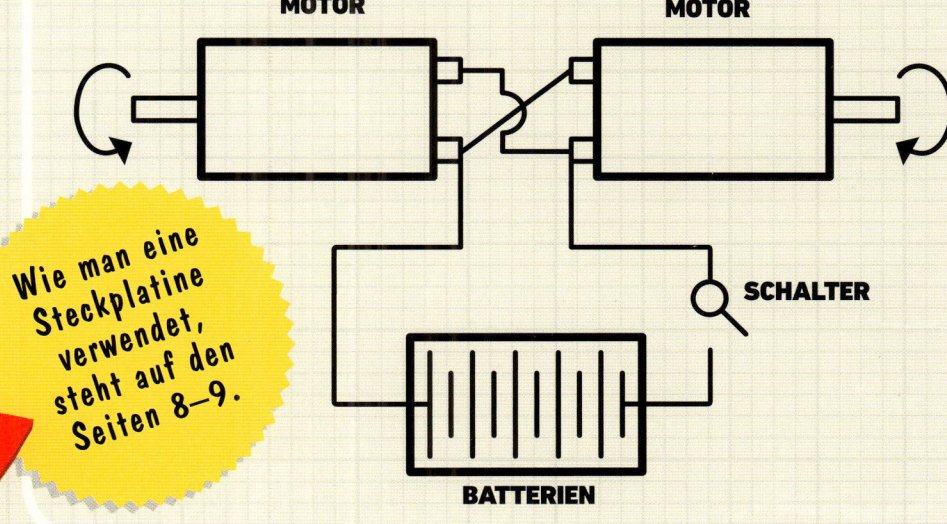

MOTOR   MOTOR

SCHALTER

BATTERIEN

Wie man eine Steckplatine verwendet, steht auf den Seiten 8–9.

3 Lege den Schalter um und schau, in welche Richtung und wie schnell sich die Motoren drehen. Um die Drehung besser zu erkennen, kannst du ein Stückchen Klebeband an der Motorwelle anbringen. Da die Motoren auf gegenüberliegenden Seiten des Autos sitzen, müssen sie sich entgegengesetzt drehen. Die Drehrichtung kannst du leicht ändern, indem du die Anschlusskabel vertauschst – damit änderst du die Polarität.

4 Wenn du mit dem Test auf der Steckplatine zufrieden bist, kannst du die Verbindungen dauerhaft zusammenlöten. Bevor du das tust, nimm die Batterien aus ihrer Halterung, sonst kann es einen Kurzschluss geben.

5 Nun kannst du das Fahrgestell bauen, also den Rahmen, der alles trägt. Schneide eine Seite eines Getränkekartons auf, dann säubere und trockne das Innere. Danach bohrst du hinten in den Karton auf jeder Seite ein kleines Loch für die Motorwellen und vorn zwei Löcher für die Vorderräder.

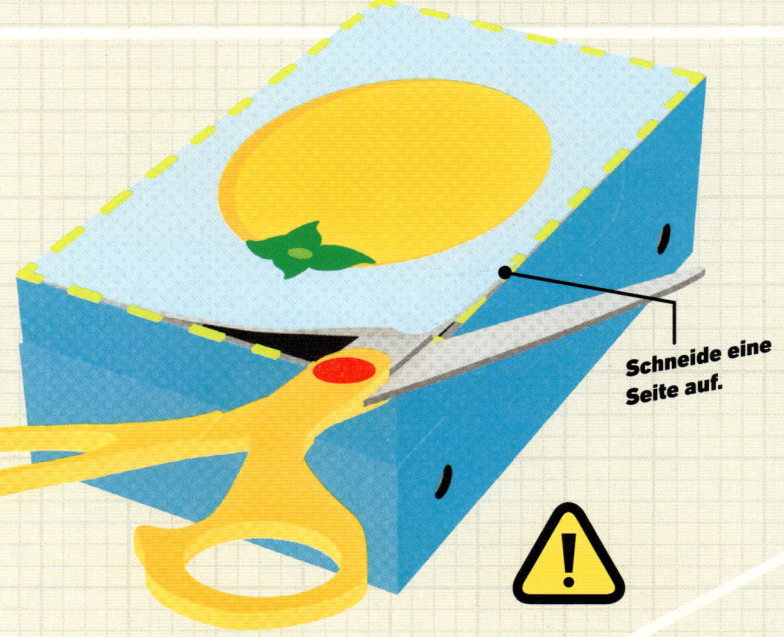

Schneide eine Seite auf.

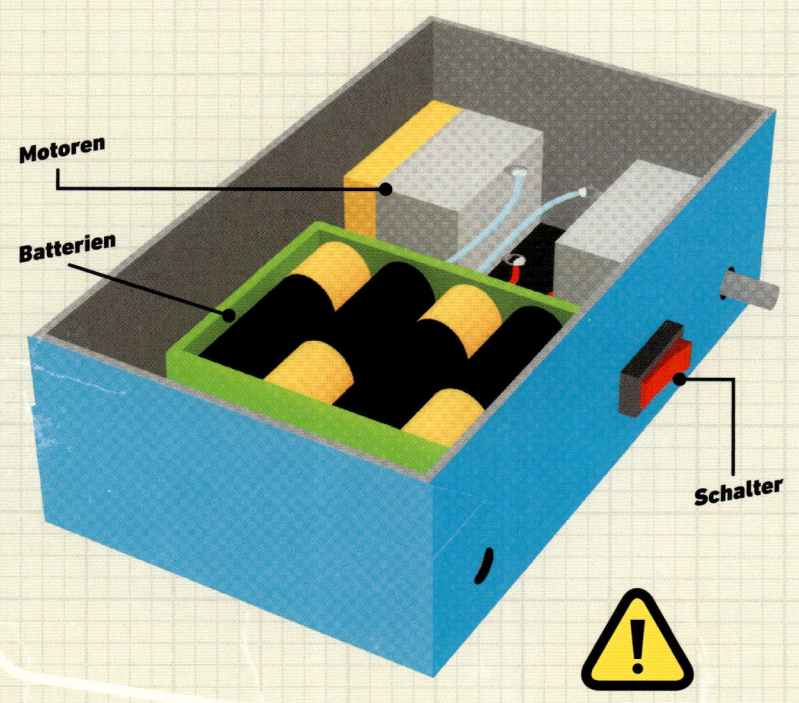

Motoren

Batterien

Schalter

6 Mit Heißkleber befestigst du nun die beiden Motoren in dem Getränke- karton. Achte dabei besonders auf die Drehrichtung der Motoren. Es darf kein Kleber auf oder an die Motorwelle geraten. Klebe dann den Batteriehalter fest. Nun suche einen passenden Platz für den Schalter. Wenn er an der Außenseite deines Wagens sitzen soll, musst du dafür noch ein passendes Loch in die Seite schneiden.

Bitte einen Erwachsenen um Hilfe, wenn du mit Heißkleber oder mit Lötzinn arbeitest. Schau dir vorher die Beschreibung auf den Seiten 12–13 genau an.

7 Jetzt fehlen nur noch die Räder. Du findest sie in vielen Bastelläden, aber du kannst auch deine eigenen Räder etwa aus Flaschendeckeln bauen. Die Bodenhaftung wird besser, wenn du Gummibänder über die Deckel ziehst.

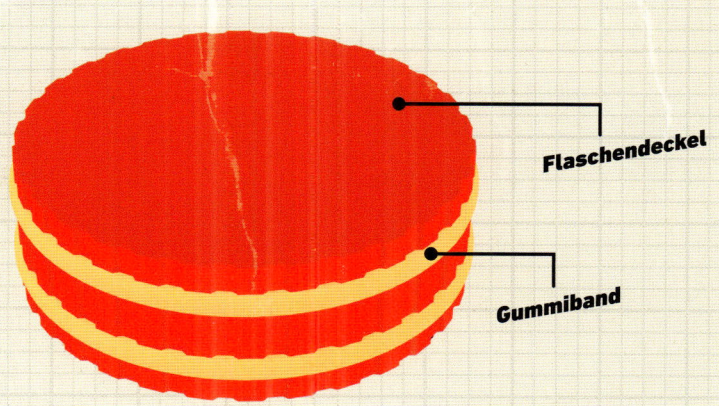

Flaschendeckel

Gummiband

8 Stecke einen Bleistift durch die Löcher vorn im Getränkekarton (er sollte nicht angespitzt sein). Die Löcher müssen so groß sein, dass der Bleistift sich gut darin drehen kann. Mit Heißkleber befestigst du nun die Räder an dem Bleistift, danach klebst du die Hinterräder auf den Motorwellen fest.

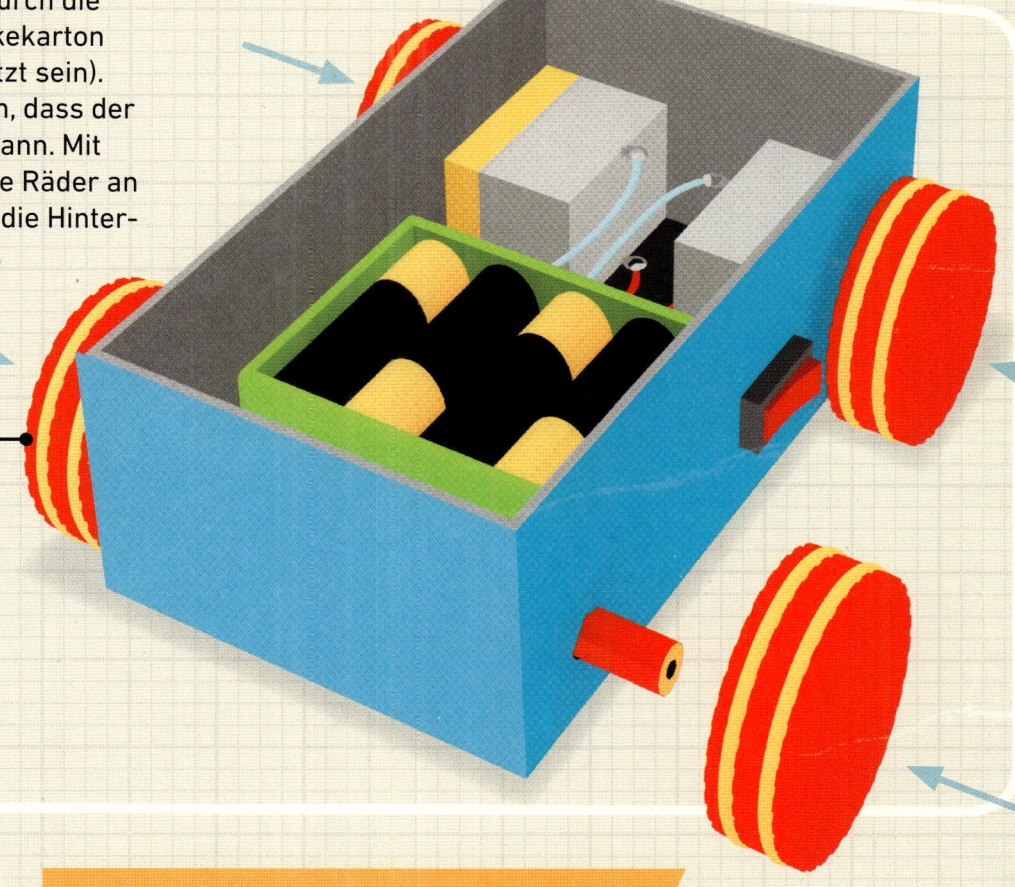

Klebe die Vorderräder am Bleistift fest.

9 Zum Schluss kannst du deinen Rennwagen nach Belieben dekorieren. Nun setzt du den Wagen auf den Boden, drückst den Schalter und schon fährt er los! Haben deine Freunde auch einen Wagen? Wessen Wagen fährt am schnellsten? Und wer kommt auf einer Rampe am weitesten?

EIN SCHRITT WEITER

Verschiedene Fahrgestelle

Wenn du den Einbau der Motoren einmal gemeistert hast, kannst du mit Fahrgestellen in verschiedener Form oder aus anderen Materialien experimentieren. Ist der Wagen mit anderen Materialien schneller? Mit welchem Fahrgestell fährt er am stabilsten? Und vergiss nicht, den Wagen zu dekorieren, z.B. in Ferrari-Rot oder mit Rallyestreifen!

Lichtstift

Hat es dir Spaß gemacht, mit LEDs zu hantieren, als du die LED-Throwies (siehe S. 14–15) gebaut hast? Dann wird dir dieses Gadget auch gefallen! Hier lernst du, wie man einen Lichtstift baut, der im Dunkeln zeichnen kann. Er nutzt die Grundidee der LED-Throwies, hat aber Kabel und Schalter. Damit kannst du steuern, wann die LED leuchtet und alles in einem netten Gehäuse verpacken.

Du brauchst:

- **Druckschalter**
- **Elektrische Kabel**
- **Lötzinn und Lötkolben**
- **LED (10 mm)**
- **Plastikschlauch**
- **Kleine Knopfzellen**
- **Isolierband**

Auf geht's!

① Zum Anschalten der LED baust du einen Schalter in den Stromkreis ein. Am besten eignet sich dafür ein Druckschalter. Wenn der Schalter zwei Anschlüsse hat, lötest du ein Kabel von 5 cm an den einen und ein zweites 25 cm langes Kabel an den anderen Anschluss.

Wenn dein Schalter vier Anschlüsse hat, zeigen die Markierungen auf der Unterseite, welche du verbinden sollst. Wenn du unsicher bist, kannst du deinen Stromkreis vor dem Löten mit einer Steckplatine testen.

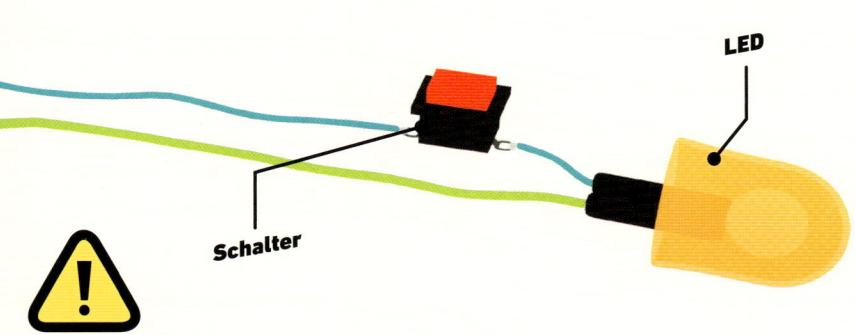

LED

Schalter

② Dann lötest du ein LED-Beinchen an das 5 cm lange Kabel am Schalter. An das andere Beinchen lötest du ein neues 30 cm langes Kabel. Jetzt ist der Stromkreis fast fertig, es fehlen nur noch die Batterien.

Andere Schalter, die für dieses Projekt benutzt werden können, werden auf Seite 6 vorgestellt.

3 Bevor du deinen Stromkreis schließt, musst du den Plastikschlauch für die Elektrik vorbereiten. Schneide ein 20 cm langes Stück ab und markiere einen Punkt etwa 3 cm vor dem Ende. Mit einem Teppichmesser schneidest du dort ein kleines Loch aus, das etwas größer als dein Schalter ist.

Loch für Schalter

4 Stecke die LED in das Schlauchende bei dem Schalterloch und fädle die Kabel zum anderen Ende hindurch. Dann drückst du den Schalter in das von dir geschnittene Loch.

Du hast jetzt einen Schlauch mit einer LED an einem Ende, einem Schalter und zwei Kabeln, die aus dem anderen Ende heraushängen.

Fädle die Kabel aus dem Schlauchende.

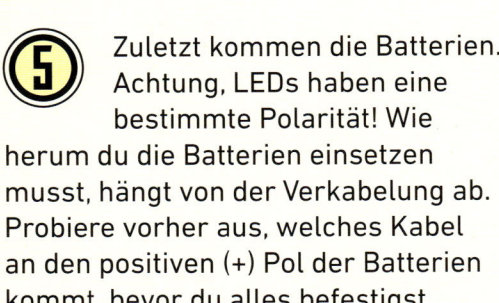

5 Zuletzt kommen die Batterien. Achtung, LEDs haben eine bestimmte Polarität! Wie herum du die Batterien einsetzen musst, hängt von der Verkabelung ab. Probiere vorher aus, welches Kabel an den positiven (+) Pol der Batterien kommt, bevor du alles befestigst.

6 Wenn du herausgefunden hast, wie herum die Batterien angeschlossen werden, stapelst du sie und legst die Kabel auf die Batteriepole. Dann sicherst du alles mit Isolierband.

Umwickle die Batterien mit Isolierband.

7 Um deinen Lichtstift fertig zu bauen, schiebst du die Kabel in den Schlauch. Wie einen Korken steckst du dann die mit Isolierband umklebten Batterien auf das Schlauchende.

Drücke das Batteriepaket in das Schlauchende.

Der Batterienstapel, die LEDs und der Schalter können jeweils mit einem Tropfen Heißkleber am Schlauch befestigt werden. Jetzt teste deinen Lichtstift, indem du den Schalter drückst – fertig!

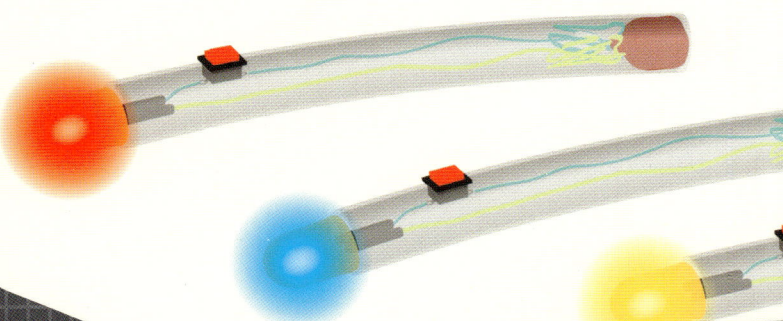

Wenn du verschiedenfarbige Lichtstifte baust, kannst du bunte Meisterwerke schaffen!

EIN SCHRITT WEITER

Lichtstift-Bilder fotografieren

Für ein tolles Bild brauchst du einen verdunkelten Raum, in dem die LEDs richtig leuchten. Die Kamera sollte auf einem Stativ stehen.

Automatische Kameras haben oft eine Einstellung für Bilder in dunkler Umgebung. Bei manuellen Kameras muss man selbst einstellen, wie lange der Verschluss geöffnet bleiben soll. Je länger hier die Belichtungszeit ist, desto besser.

Lösche alle Lichter und nimm dein Lichtstift-Bild auf: Stell die Kamera an und zeichne davor ein Bild mit dem Lichtstift. Drücke beim Zeichnen den Schalter, damit die LED leuchtet. Wenn du fertig bist, stoppst du die Belichtung und schaust dir dein Meisterwerk an. Du kannst mit der Belichtungszeit experimentieren, bis deine Bilder perfekt sind.

Der heiße Draht

Der heiße Draht ist ein gutes Beispiel für offene und geschlossene Stromkreise. Das Geschicklichkeitsspiel gibt es zwar zu kaufen, aber man kann es auch selbst bauen. Ziel des Spiels ist es, eine Schleife von einem Ende des Gewirrs bis zum anderen zu bringen, ohne den Draht zu berühren. Wenn das doch passiert, wird der Strom-kreis geschlossen. Es ertönt ein Summer und du hast verloren!

Auf geht's!

Du brauchst:

- **1 Batteriehalter und 2 AA-Batterien**
- **3-Volt-Summer**
- **Dicke Styropor-Platte**
- **Steifen Metalldraht (am besten unbeschichtet)**
- **2 Schrauben mit Unterlegscheiben und Muttern**
- **Lötzinn und Lötkolben**
- **Elektrische Kabel**
- **Heißkleber und Heißklebepistole**
- **Isolierband**

Summer gibt es in den verschiedensten Formen und Größen, mit verschiedener Spannung je nach Größe und gewünschter Lautstärke. Suche dir einen aus, der am besten zu deinem Projekt passt.

1 Teste deinen Summer, indem du ihn direkt mit den Batterien verbindest. Er sollte laut summen, wenn der Stromkreis geschlossen ist.

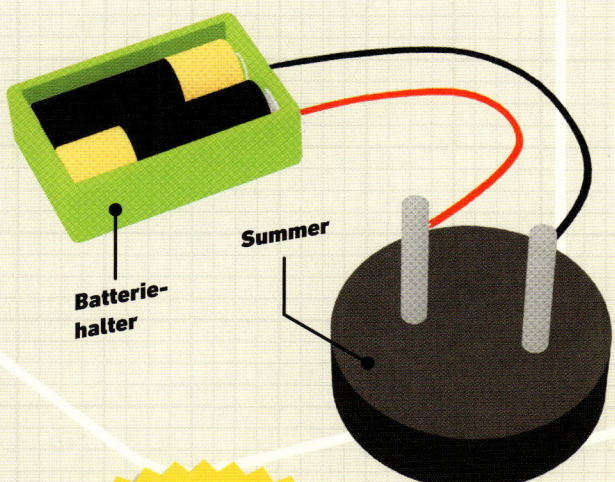

Batterie-halter

Summer

2 Schneide die Styropor-Platte auf etwa 30 cm × 15 cm zurecht. Du kannst auch ein anderes Maß wählen. Bohre an beiden Enden kleine Löcher, durch die du die Schrauben stecken kannst.

Bohre mit dem Bleistift zwei kleine Löcher.

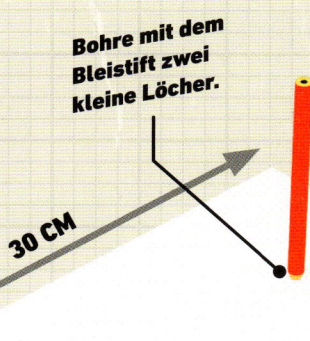

30 CM

15 CM

Anders als bei den anderen Projekten ist im heißen Draht der Stromkreis offen. Er wird erst geschlossen, wenn die Schleife den Draht berührt.

3 Wenn der steife Draht einen Kunststoffüberzug hat, entferne ihn – du brauchst nur den blanken Draht. Wickle ein Ende des Drahts um eine Schraube. Dann stecke die Schraube in eines der Löcher in der Styropor-Platte und befestige sie mit Unterlegscheibe und Mutter.

OBERSEITE

4 Fädle eines der Kabel am Batteriehalter von unten durch das zweite Loch in der Styropor-Platte und wickle es um das andere Ende des steifen Drahts. Dann wickelst du den Draht um eine Schraube. Führe sie wieder durch das Loch in der Platte und sichere sie mit Scheibe und Mutter wie in Schritt 3.

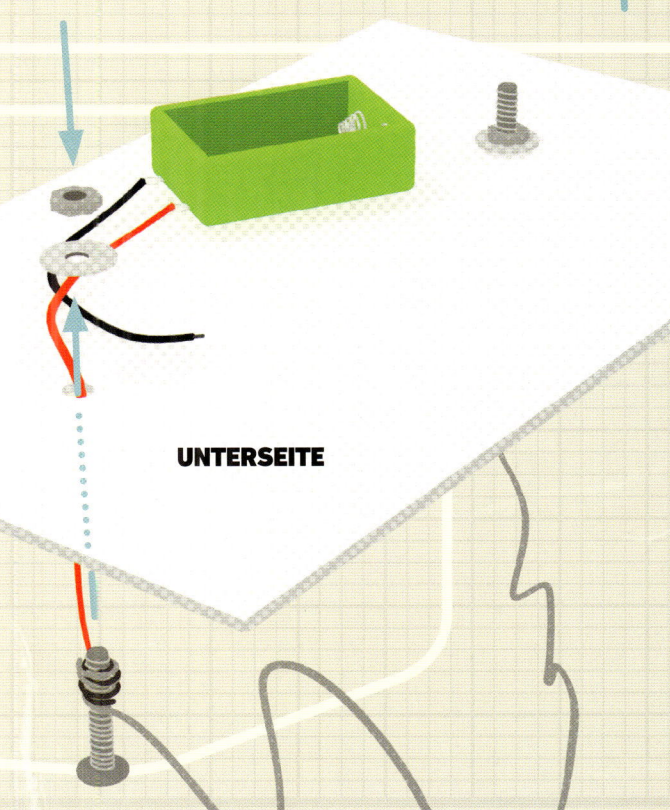

UNTERSEITE

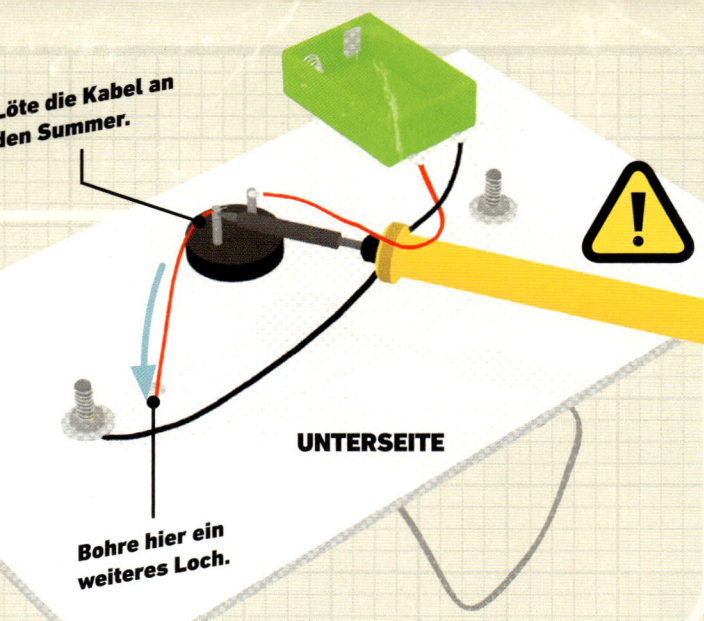

Löte die Kabel an den Summer.

UNTERSEITE

Bohre hier ein weiteres Loch.

5 Löte einen der Summer-Anschlüsse an das andere Batteriekabel, dann lötest du ein neues, ca. 30 cm langes Kabel an den zweiten Summer-Anschluss. Bohre ein kleines Loch in die Styropor-Platte. Hier wird die Schleife befestigt. Das Loch sollte neben einer der Schrauben sein. Fädle das ganze 30-cm-Kabel durch das neue Loch.

UNTERSEITE

6 Nun kannst du den Batteriehalter, den Summer und alle losen Kabel auf der Unter-seite der Styropor-Platte mit Heißkleber befestigen.

7 Nun baue Beine unter die Platte, damit der Summer und die Batterien Platz haben. Dazu schneidest du aus dem Rest Styropor 20 Quadrate von 2 cm × 2 cm, stapelst jeweils fünf Stück übereinander und verklebst sie mit Heißkleber. Dann befestigst du an jeder Ecke der Styropor-Platte ein Bein.

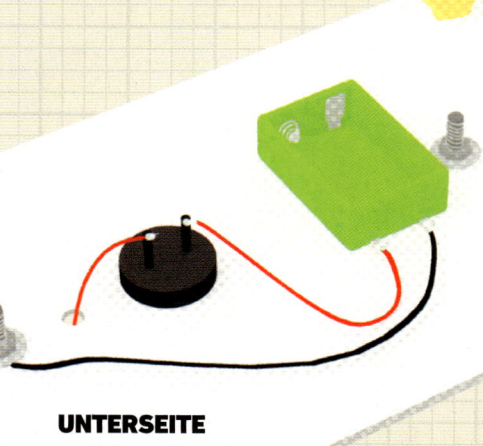

UNTERSEITE

8 Für die Schleife schneidest du ein etwa 10 cm langes Stück von dem restlichen steifen Draht ab. Biege es zu einer Schleife mit einem etwa 5 cm langen Handgriff. Verlöte den Griff mit dem Kabel, das aus dem Loch in der Styropor-Platte kommt, und umwickle die Stelle mit Isolierband. Biege die Schleife vorsichtig auf, damit du sie über den Draht ziehen kannst. Nun kannst du die Batterien in den Halter einlegen – fertig!

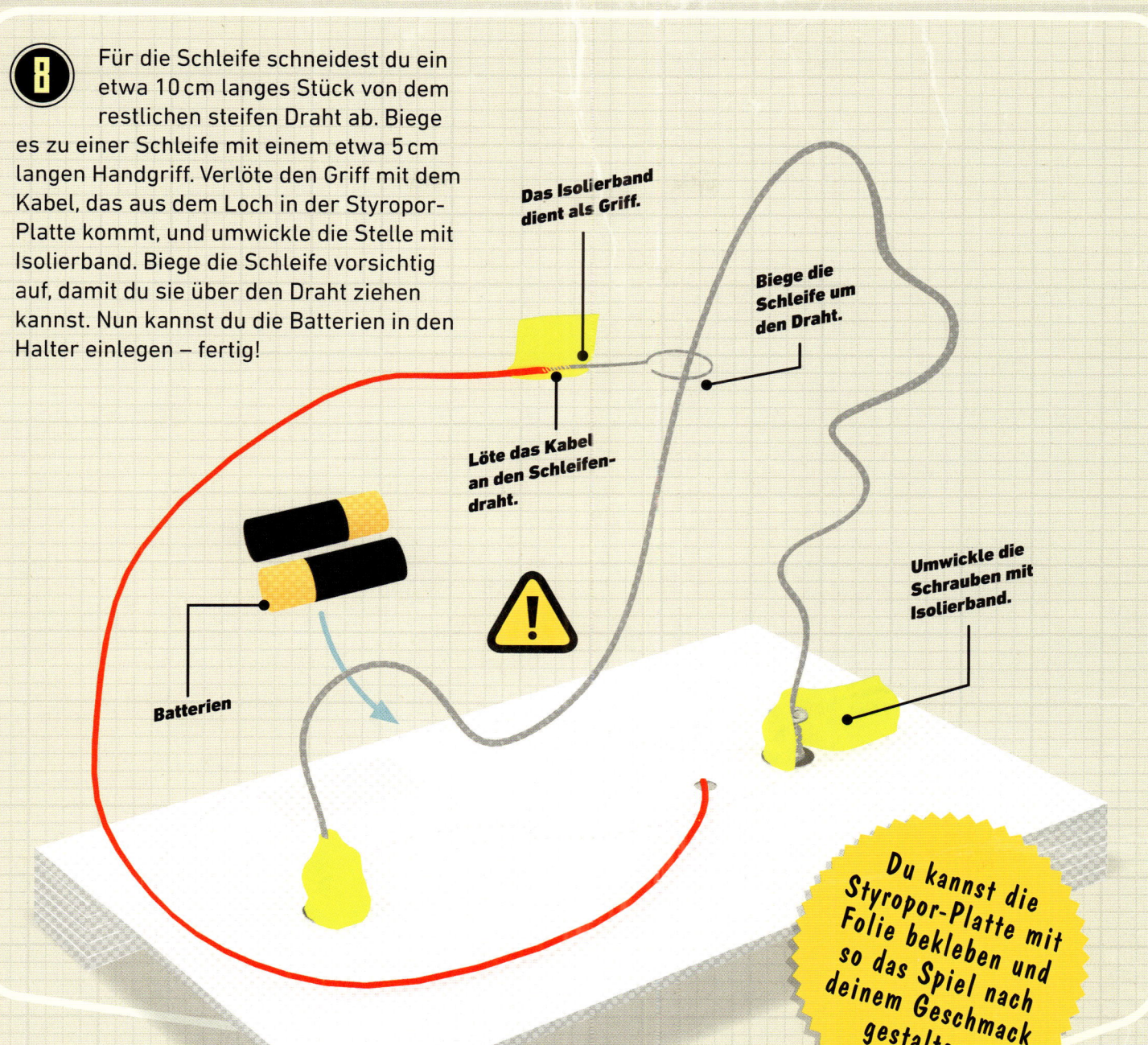

Das Isolierband dient als Griff.

Biege die Schleife um den Draht.

Löte das Kabel an den Schleifen-draht.

Umwickle die Schrauben mit Isolierband.

Batterien

Du kannst die Styropor-Platte mit Folie bekleben und so das Spiel nach deinem Geschmack gestalten.

So funktioniert's

Wenn die Drahtschleife den gebogenen steifen Draht berührt, wird der Stromkreis geschlossen und der Summer ertönt. Ziel des Spiels ist es, die Schleife von einem Ende des Gewirrs zum anderen zu bringen, ohne dass der Summer losgeht.

Schwierigkeitsgrad steigern

Wenn du das Gewirr gemeistert hast, kannst du den Schwierigkeitsgrad steigern. Der Draht ist zwar steif, lässt sich aber dennoch leicht biegen. Mit ein paar zusätzlichen scharfen Kurven kannst du das Spiel noch kniffliger machen.

Kartoffeluhr

Dieses Experiment zeigt,dass Elektrizität nicht nur aus Batterien oder der Steckdose kommt, sondern auch aus ganz alltäglichen Sachen – sogar aus Lebensmitteln. In diesem Projekt nehmen wir zwei Kartoffeln als Stromquelle für eine kleine Digitaluhr.

Du brauchst:

- **2 Kartoffeln**
- **2 galvanisierte (verzinkte) Nägel**
- **2 dicke Kupferdrähte**
- **Kleine LED-Uhr (batteriebetrieben)**
- **6 Krokodilklemmen**
- **Verschiedenfarbige elektrische Kabel**
- **Isolierband**

Für dieses Projekt brauchst du eine batteriebetriebene LED-Uhr, keine Uhr für die Steckdose.

10:32

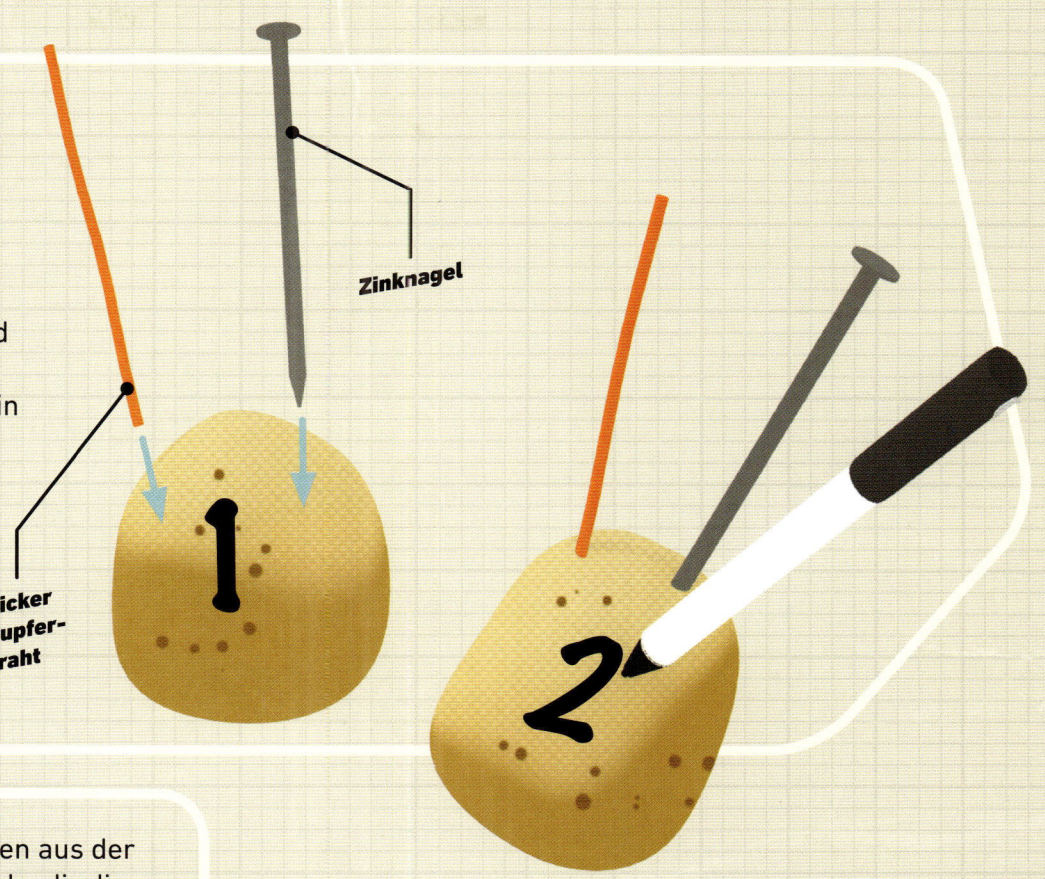

Auf geht's!

1 Nummeriere deine Kartoffeln mit einem dicken Filzstift. So weißt du, welche du nehmen musst, wenn du sie in Reihe verkabelst. Stecke in jede der Kartoffeln einen Zinknagel und einen Kupferdraht. Er sollte vom Nagel so weit entfernt sein wie möglich.

Zinknagel

Dicker Kupfer-draht

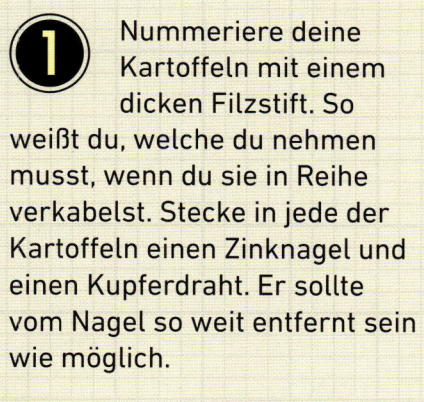

2 Nimm die Batterien aus der LED-Uhr und merke dir die Polarität im Batteriefach.

 **POSITIV**

 **NEGATIV**

3 Bringe die Kabel an den Krokodilklemmen an. Manche Klemmen haben dazu kleine Schrauben, ansonsten musst du sie festlöten. Die Klemme mit dem roten Draht kommt an den positiven (+), die Klemme mit dem schwarzen Draht an den negativen (–) Anschluss im Batteriefach.

Stecke die Klemmen auf die Anschlüsse.

4 Jetzt kannst du deine Kartoffeln verkabeln. Verbinde den roten Draht, der am positiven (+) Anschluss der Uhr hängt, mit dem Kupferdraht in Kartoffel 1. Dann verbinde den schwarzen Draht am negativen (–) Anschluss der Uhr mit dem verzinkten Nagel in Kartoffel 2.

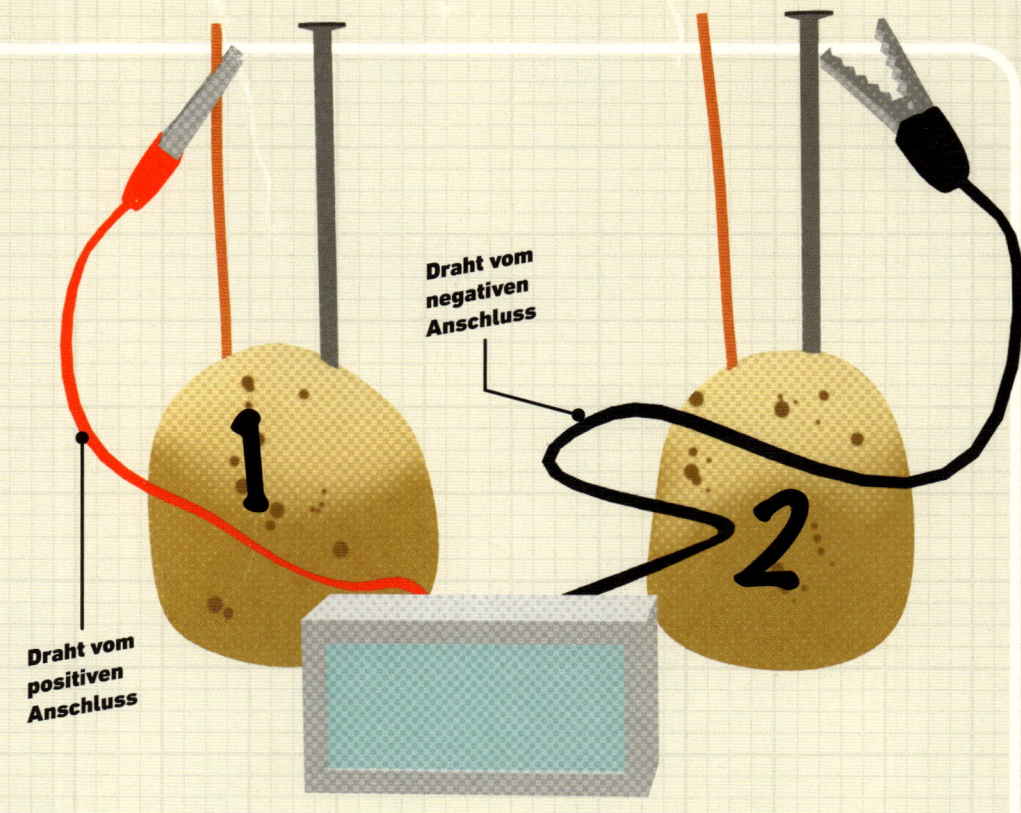

Draht vom negativen Anschluss

Draht vom positiven Anschluss

5 Zum Schluss nimmst du ein weiteres Stück Kabel und bringst an den Enden Krokodilklemmen an. Damit verbindest du den Zinknagel in Kartoffel 1 mit dem Kupferdraht in Kartoffel 2. Jetzt ist dein Stromkreis fertig!

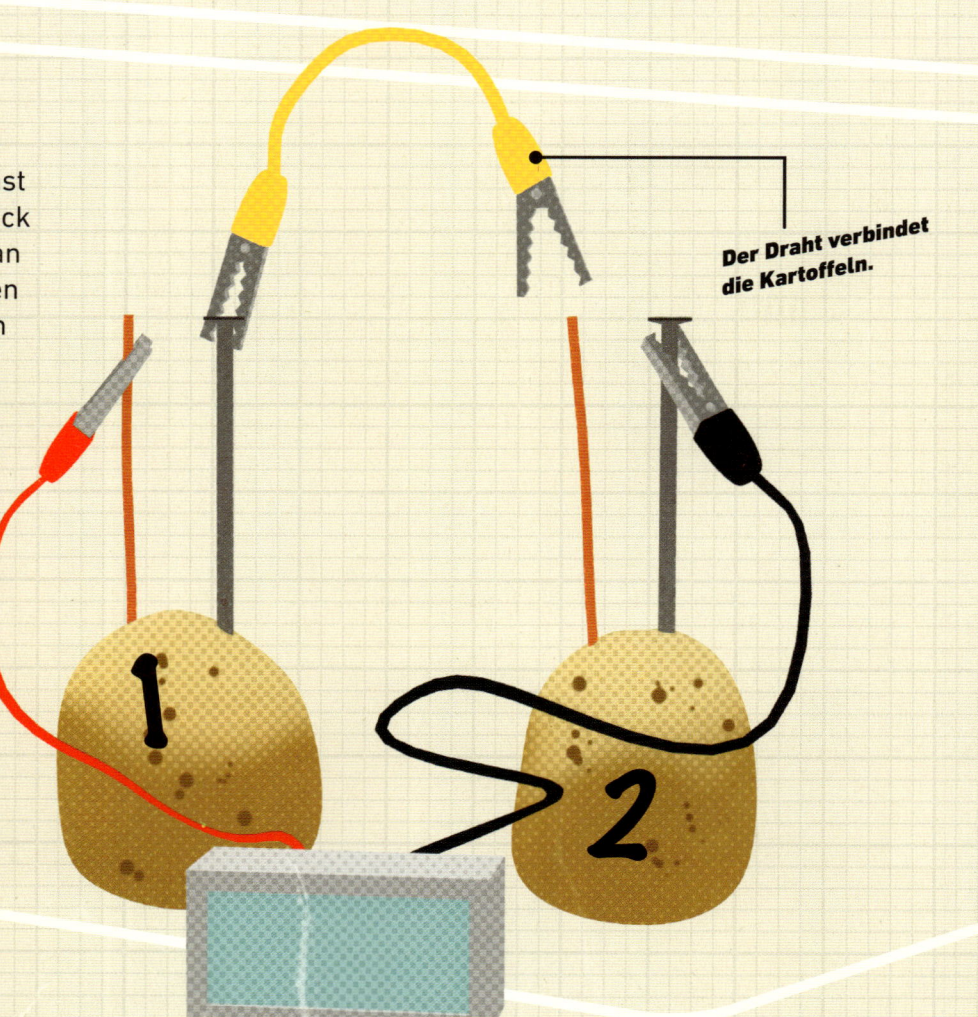

Der Draht verbindet die Kartoffeln.

6 Sobald du die letzte Klemme angebracht und den Stromkreis geschlossen hast, sollte die LED-Uhr angehen. Wenn sie nicht funktioniert, überprüfe den Kontakt aller Verbindungen. Kupferdraht und Zinknagel dürfen sich im Inneren der Kartoffeln nicht berühren.

Du kannst deine Uhr auch mit Gemüse und Früchten betreiben, z.B. Äpfel, Zitronen, Orangen oder Tomaten. Experimentiere damit. Was funktioniert am besten?

So funktioniert's

Wenn du deine Uhr mit Kartoffeln betreibst, nutzt du eine sogenannte elektrochemische Zelle. In ihr findet eine Reaktion statt, bei der sich die chemische Energie in elektrische Energie umwandelt. Dabei werden Elektronen übertragen. In deiner Kartoffeluhr reagiert der Zinknagel mit dem Kupferdraht. Wenn sie sich berühren, reagieren sie, aber dies würde nur Wärme erzeugt. Durch die Kartoffel sind Zink und Kupfer aber voneinander getrennt. Die zwischen den Metallen übertragenen Elektronen müssen sich daher durch die Kartoffel, durch die Drähte und durch die Uhr bewegen. So wird die Uhr mit Strom versorgt.

Die Kartoffelbatterie funktioniert toll, hält aber nicht lange. Doch du kannst die Lebensdauer verlängern, indem du einfach mehrere Kartoffeln miteinander verkabelst.

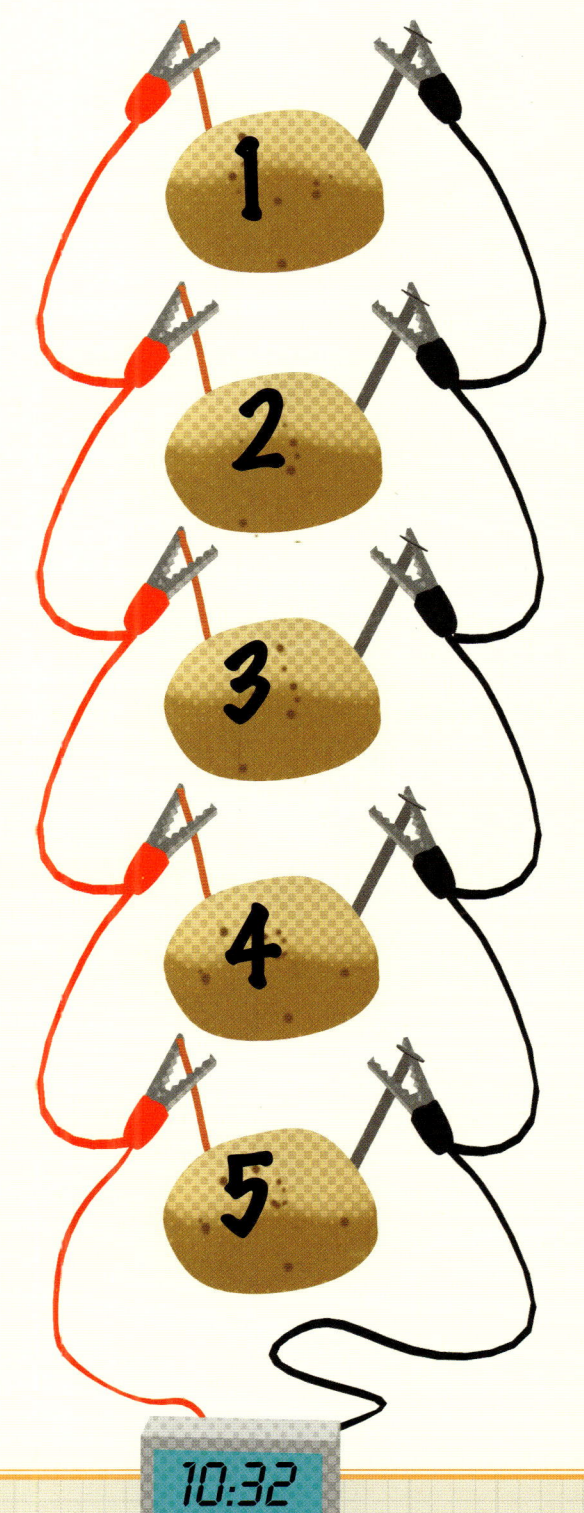

LED-Pantoffeln

Pantoffeln halten deine Füße warm. Wäre es nicht toll, wenn sie beleuchtet wären und dir im Dunkeln den Weg leuchten? In diesem Projekt machen wir genau das: Wir bauen eine Beleuchtung in deine Pantoffeln ein. Damit findest du nachts ins Badezimmer oder zum Kühlschrank, ohne das Licht anzumachen.

Du brauchst:

- Lötzinn und Lötkolben
- Elektrische Kabel
- 2 Knopfzellenhalter
- 2 Druckschalter
- Pantoffeln
- Drahtkleiderbügel
- 4 helle weiße LEDs
- 2 Knopfzellen

Auf geht's!

① Löte zu Beginn zwei rote 30 cm lange Kabel an den positiven (+) Pol des Knopfzellenhalters und ein 15 cm langes schwarzes Kabel an den negativen (–) Pol.

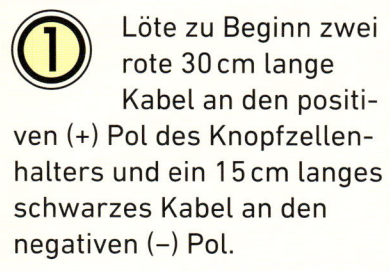

Löte die Kabel an den Batteriehalter.

② Löte einen Schalter an das 15-cm-Kabel. Dann lötest du an die andere Seite des Schalters noch zwei schwarze 15 cm lange Kabel. Nun fehlen nur noch die LEDs. Sie werden erst später angebracht, wenn du die Verdrahtung in die Pantoffeln eingelegst.

③ Pantoffeln sind meist dick gefüttert, daher gibt es viele Möglichkeiten, die Elektrik und die Kabel einzubauen. Du solltest den Batteriehalter nahe am Absatz anbringen, damit er dich nicht behindert. Der Schalter sollte dabei an der Außenseite des Schuhs sein, dann kommst du am besten ran. Die Kabel kannst du einbauen, wo es am besten passt.

④ Schneide ein kleines Loch in die Hinterkappe der Pantoffeln und einen etwa 5 cm langen Schlitz in die Vorderseite, wo die LEDs hin sollen. Biege den Drahtkleiderbügel auf und stecke ihn durch den Schlitz vorn in der Pantoffel bis nach hinten. Damit kannst du die Kabel durch den Schuh bewegen: Wickle die Kabel von Schalter und Batteriehalter um den hinteren Teil des Bügels und ziehe ihn dann vorsichtig durch den Pantoffel, bis die Kabel an der Vorderseite rauskommen. Dann schiebe den Schalter innen an die Seite des Pantoffels.

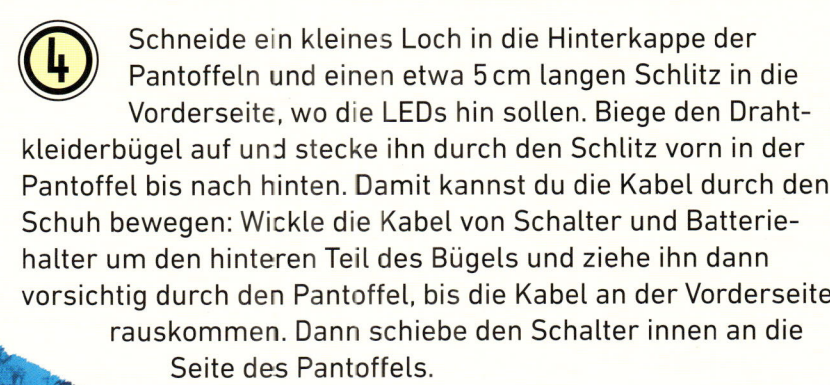

Wickle die Kabel um den Bügel.

Loch hinten im Pantoffel

Schlitz vorn im Pantoffel

Um die Arbeit zu erleichtern, wickle Kabel derselben Länge zusammen. So kannst du sie leichter in die Pantoffeln schieben.

⑤ Zuletzt drückst du den Batteriehalter und die überstehenden Kabel durch die Öffnung. Das erfordert ein wenig Geduld. Wenn die Kabel stecken bleiben, musst du Teile der Pantoffelnähte auftrennen, die Kabel zurechtziehen und die Öffnungen wieder zunähen. Pass auf, dass du dabei das Batteriefach noch nicht wieder zunähst.

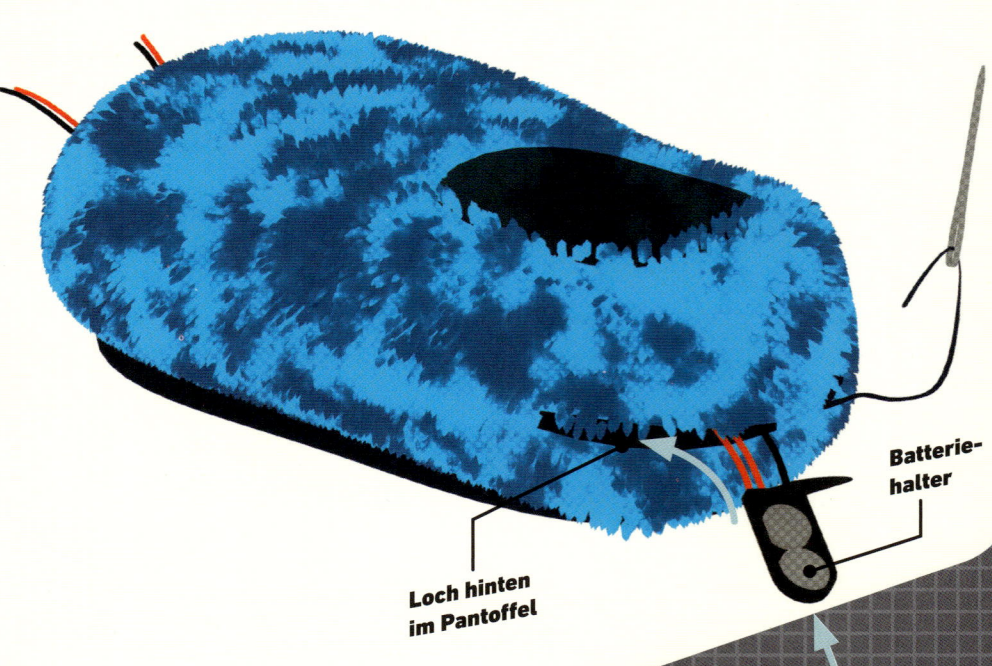

Loch hinten im Pantoffel

Batteriehalter

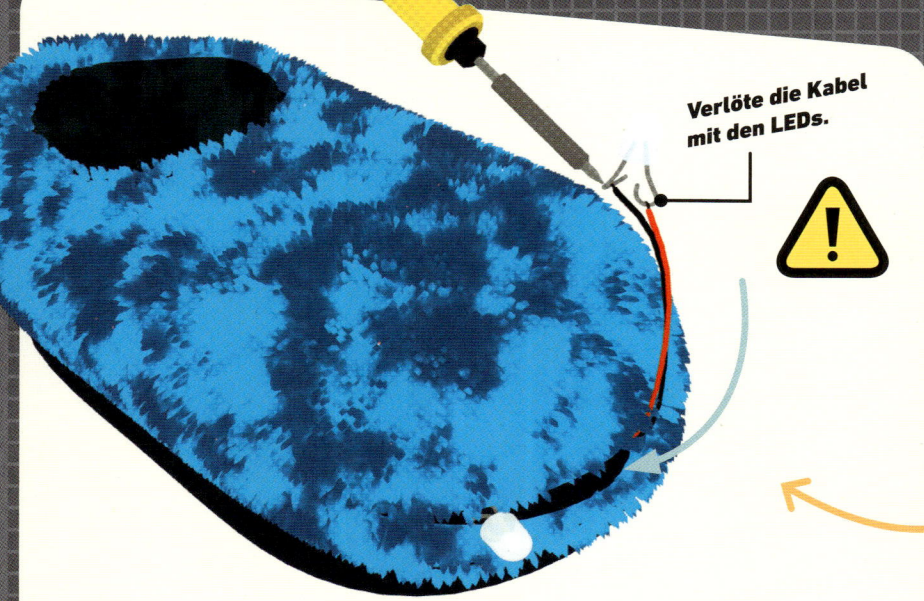

Verlöte die Kabel mit den LEDs.

⑥ Nun verbindest du die LEDs mit den Kabeln vorn im Pantoffel. Insgesamt sind es vier Kabel – zwei rote und zwei schwarze. Löte das lange Beinchen einer LED an ein rotes Kabel, dann den kurzen Anschluss an ein schwarzes Kabel. Damit ist einer der LED-Stromkreise fertig. Dann verlötest du die andere LED genauso mit den beiden übrigen Kabeln. Nun kannst du die LEDs an beiden Enden des Schlitzes vorn im Pantoffel einsetzen.

Bei Problemen

Wenn du große Pantoffeln mit ganz viel Polsterung vorn an den Zehen hast, brauchst du vielleicht eine Befestigung für die LEDs, damit sie nicht verrutschen und immer in die richtige Richtung strahlen. Dafür kann man ein kleines Stück Pappe nehmen. Schneide ein Loch in die Mitte und stecke eine LED hindurch. Dann klebst du sie mit Heißkleber fest. Die LED und die Pappe kannst du dann in den Pantoffel einbauen. Danach nähst du die Öffnung wieder zu, lässt aber ein Loch, durch welches das Licht hindurchscheinen kann.

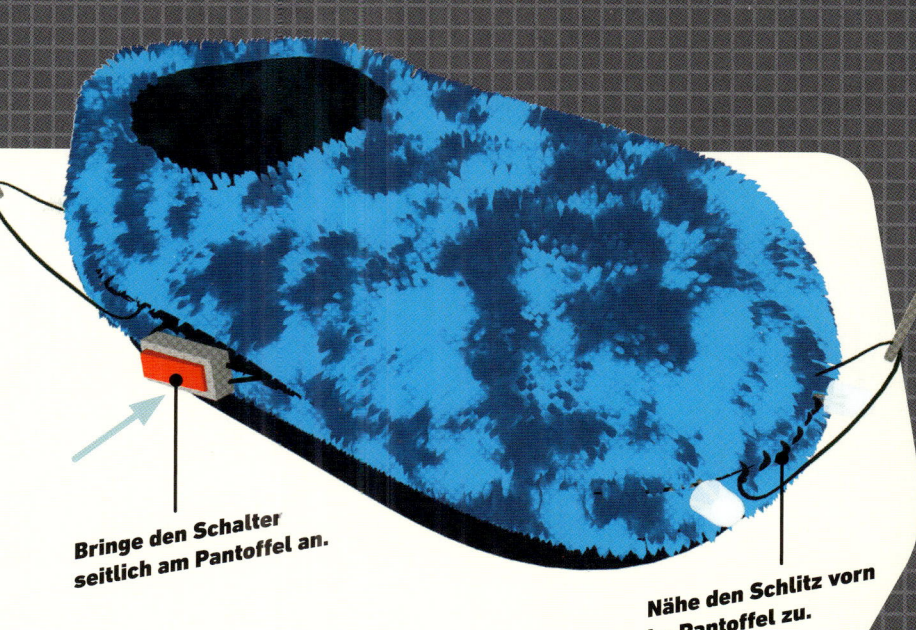

7 Nähe den Schlitz vorn im Pantoffel zu, sodass die LEDs fest sitzen. Ertaste den Schalter im Innern des Schuhs und schlitze den Pantoffel dort auf, wo du den Schaltknopf haben willst. Ziehe nun den Schalter aus dem Pantoffel heraus und nähe die Öffnung wieder zu, sodass er außen sitzt.

Bringe den Schalter seitlich am Pantoffel an.

Nähe den Schlitz vorn im Pantoffel zu.

8 Nun kannst du die Batterien in den Halter einlegen. Teste deinen Stromkreis, indem du den Schalter drückst. Nähe den Batteriehalter am gewünschten Ort fest. Dann wiederholst du das Ganze mit dem anderen Pantoffel. Nun können deine nächtlichen Streifzüge beginnen!

Denke daran, den Schalter beim zweiten Pantoffel auf der anderen Seite anzubringen!

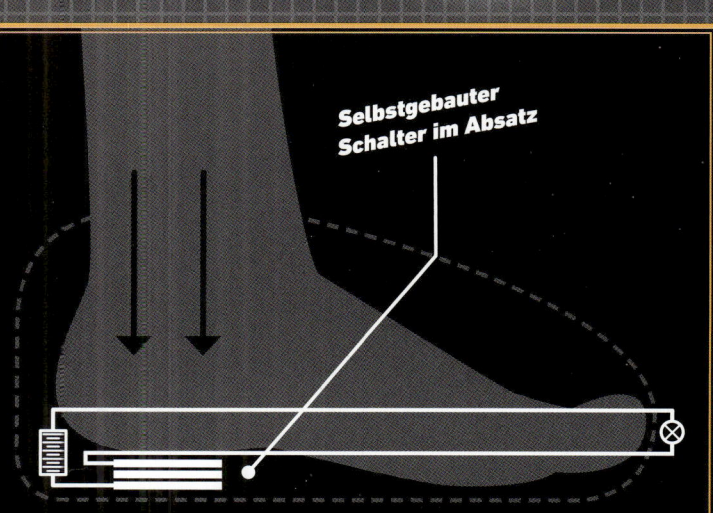

EIN SCHRITT WEITER

An und aus

Wenn du ein ziemlich geschickter Tüftler bist, kannst du dieses Projekt mit dem selbst gebauten Schalter von Seite 18–19 kombinieren. Dazu ersetzt du den Kippschalter durch einen Taster. Wenn du den Taster unter dem Absatz einbaust, leuchtet die LED nur dann, wenn du auf diesem Fuß stehst – sie geht also mit jedem Schritt an und aus.

Selbstgebauter Schalter im Absatz

Zeichenroboter

Mit das Beste in der Elektronik ist das Bauen eines Roboters. Du kannst Roboter in allen Formen für alle möglichen Aufgaben baun. Bastle dir zum Beispiel einen Zeichenroboter, der kunstvolle Bilder entwirft.

Du brauchst:

- 1 Computerventilator (9 Volt, 120 mm Durchmesser)
- 9-Volt-Steckverbindung
- 9-Volt-Batterie
- Lötzinn und Lötkolben
- Seitenschneider
- 4 dicke Filzstifte
- Gummibänder
- Heikleber und Heißklebepistole

Du kannst diesen Roboter auch anders bauen: Nimm mehr oder etwas dickere Filzstiften.

Auf geht's!

1 Als Erstes besorgst du einen alten Computerventilator – einen großen mit 120 mm Durchmesser, der mit 9 Volt läuft. Die Spannung ist außen auf dem Gehäuse aufgedruckt. Baue den Ventilator aus. An den Anschlusskabeln, die aus dem Gehäuse kommen, sind manchmal Plastikstecker. Die kannst du abmachen. Danach isolierst du die Enden der Anschlusskabel ab, damit du sie mit der Steckverbindung der Batterie verbinden kannst.

Batteriesteck-verbindung

Anschlusskabel des Ventilators

2 Die Steckverbindung für 9-Volt-Batterien ist eine Art Kappe mit zwei Kabeln (ein rotes und ein schwarzes), die man auf die Batterie aufstecken kann. Lass die Batterie erst mal noch weg und verbinde die Kabel mit den Anschlusskabeln des Ventilators. Auch sie sind meist rot und schwarz. Verdrille nun die passenden Kabel (schwarz zu schwarz, rot zu rot) und verlöte sie, damit die Verbindung hält. Um zu testen, ob du alles richtig gemacht hast, schließe die Batterie an – jetzt müsste der Ventilator laufen.

3 Mit dem Seitenschneider trennst du vorsichtig zwei oder drei Ventilatorblätter ab. Dadurch dreht sich der Ventilator ungleichmäßig und fängt an zu zittern. Schneide anfangs nur ein Blatt ab. Später, wenn dein Roboter noch verrücktere Muster zeichnen soll, kannst du immer noch weitere Blätter abschneiden. Denke dran – abschneiden ist leicht, aber wenn die Blätter einmal abgetrennt sind, kannst du sie nicht wieder befestigen.

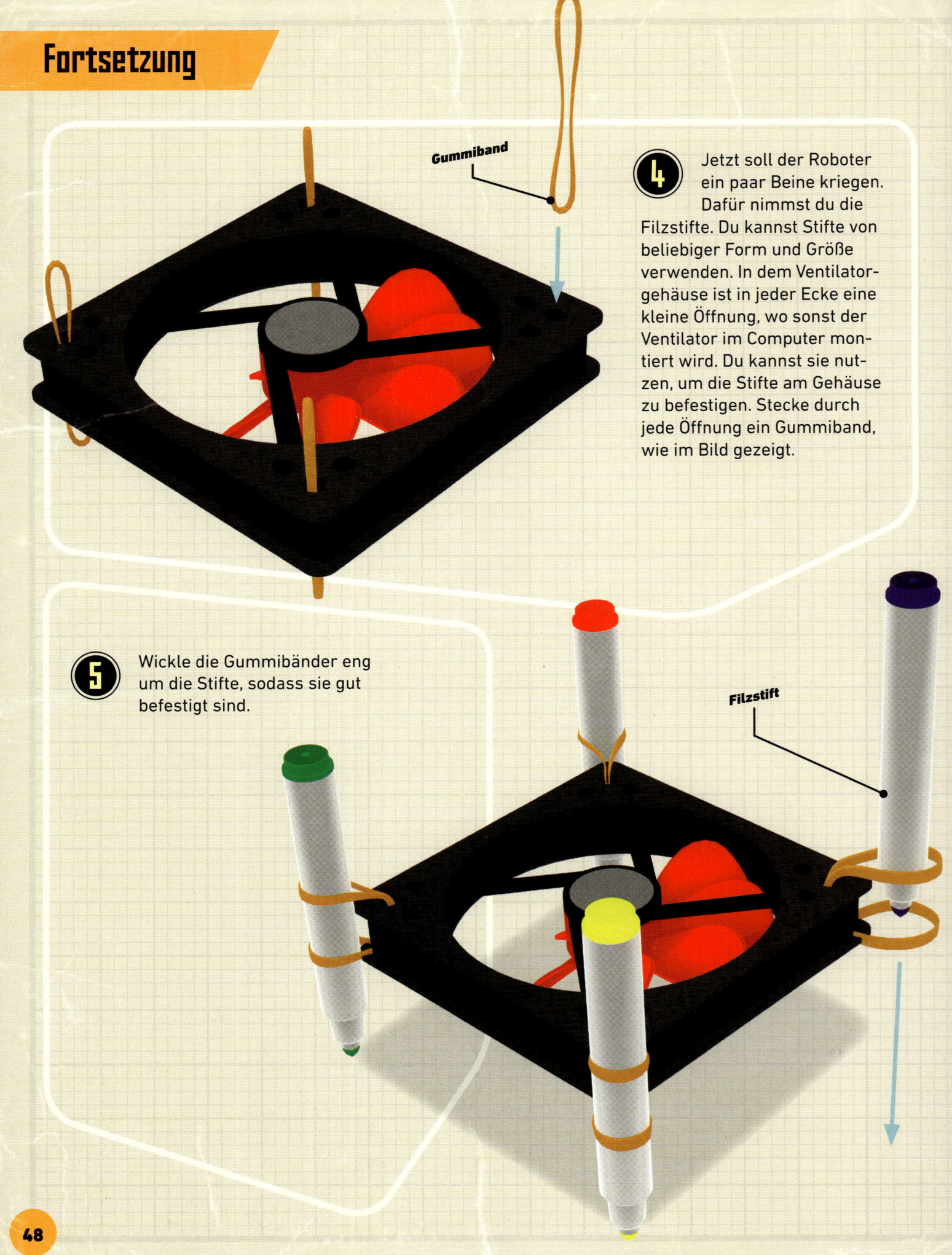

Gummiband

4 Jetzt soll der Roboter ein paar Beine kriegen. Dafür nimmst du die Filzstifte. Du kannst Stifte von beliebiger Form und Größe verwenden. In dem Ventilator-gehäuse ist in jeder Ecke eine kleine Öffnung, wo sonst der Ventilator im Computer montiert wird. Du kannst sie nutzen, um die Stifte am Gehäuse zu befestigen. Stecke durch jede Öffnung ein Gummiband, wie im Bild gezeigt.

5 Wickle die Gummibänder eng um die Stifte, sodass sie gut befestigt sind.

Filzstift

6 Mit etwas Heißkleber befestigst du nun die 9-Volt-Batterie in der Mitte des Ventilatorgehäuses (nicht auf der Drehseite des Ventilatoren).

7 Wenn der Heißkleber abgekühlt und ausgehärtet ist, schließt du die Batterie an. Dein Zeichenroboter fängt jetzt an zu zittern und zu zappeln. Stell ihn auf ein großes Stück weißes Papier und schau zu, wie er sich über die Fläche bewegt und ein wildes Muster zeichnet.

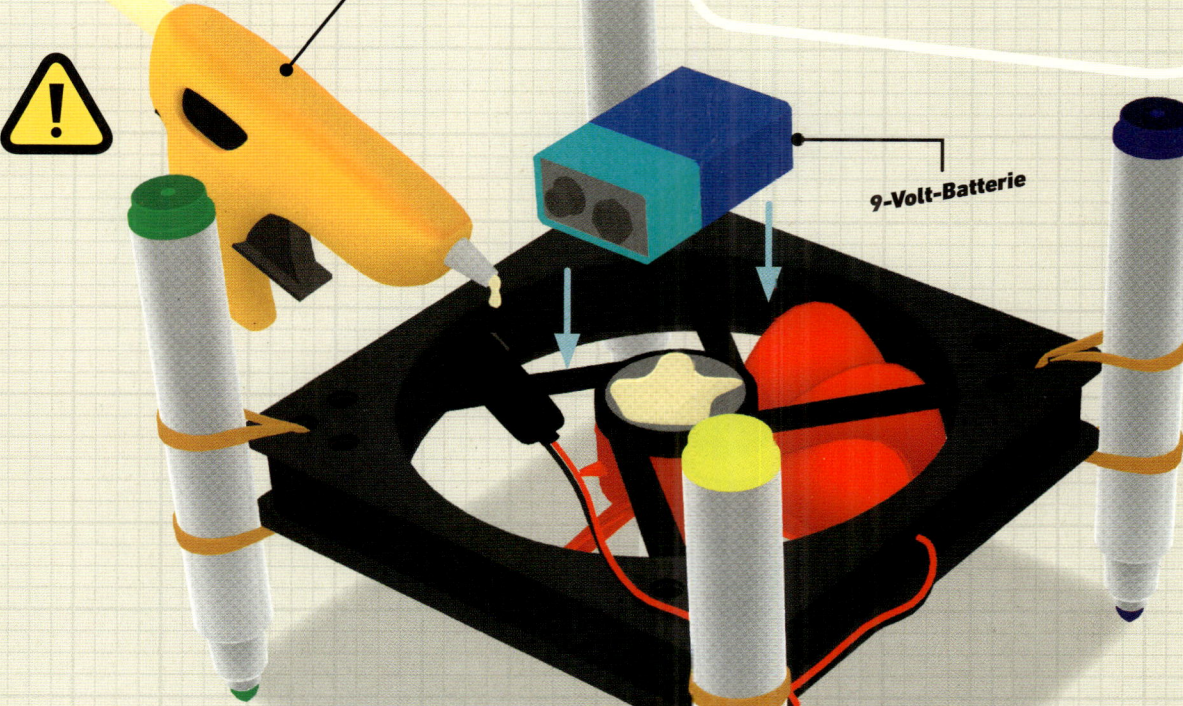

Heißklebepistole

9-Volt-Batterie

Wenn du die Heißklebepistole oder den Lötkolben benutzt, bitte einen Erwachsenen, dir dabei zu helfen. Wie man lötet, erfährst du auf Seite 12–13.

Wie man lötet, erfährst du auf Seite 12–13.

EIN SCHRITT WEITER

Andere Muster

Du kannst deinen Roboter abändern, wenn du die Kappe auf einem der Filzstifte lässt. Du kannst auch eines der Beine auf einen Radiergummi stellen. Dann bewegt sich dieses Bein nicht mehr, und der Roboter zappelt im Kreis.

Kletterroboter

Jetzt kannst du deinem Roboter etwas ganz Neues beibringen: Er soll die Wände hoch! Mithilfe eines kleinen Kühlschrankmagneten kann dieser Roboter Metallflächen hochklettern, z.B. an einer Magnettafel oder einer Metalltür.

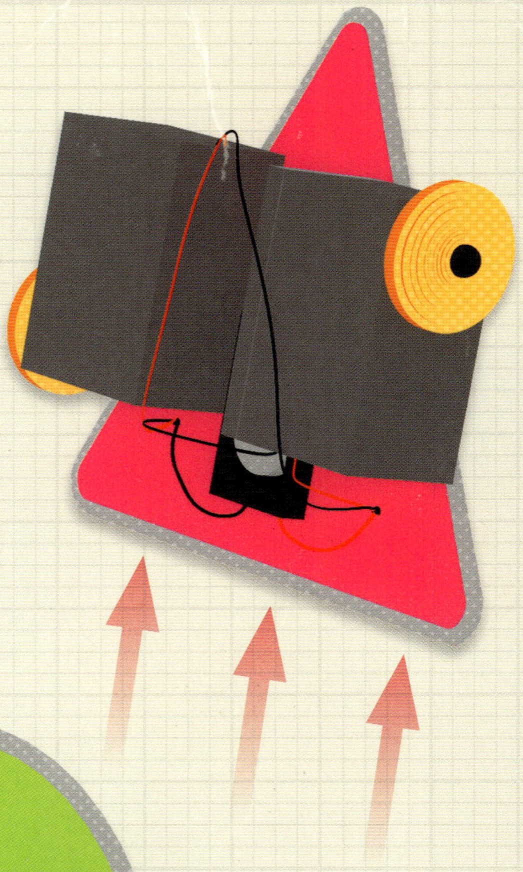

Du brauchst:

- **2 kleine Servomotoren**
- **Lötzinn und Lötkolben**
- **Schrumpfschlauch**
- **Elektrische Kabel**
- **1 Kühlschrankmagneten**
- **Heißkleber und Klebepistole**
- **2 dicke Gummibänder**
- **Knopfzellenhalter**
- **2 Knopfzellen (1,5 Volt)**

Servomotoren

Servomotoren gibt es in Modellbauläden zu kaufen. Sie führen eine vorbestimmte Drehung aus und halten dann an. Normalerweise arbeiten sie mit einem Mikrocontroller zusammen, der ihnen sagt, wann und wie lange sie sich drehen sollen. Um dieses Projekt nicht zu kompliziert zu machen, lassen wir die Mikrocontroller hier weg.

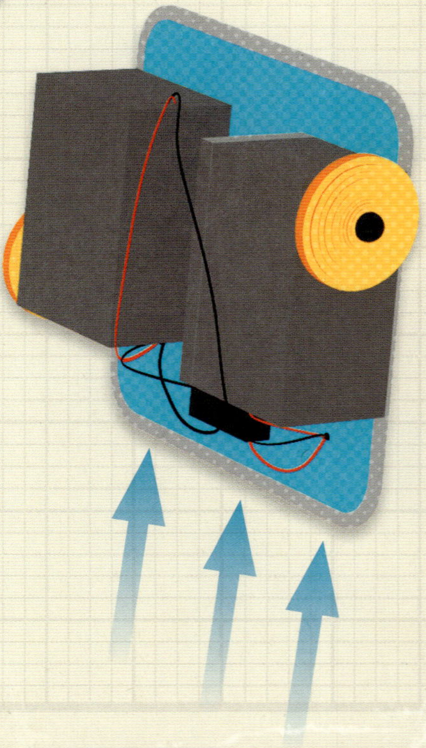

Auf geht's!

1 Öffne die Rückseite des Gehäuses des Servo-motors (dazu musst du entweder die Klemmen oder Schrauben lösen). Jetzt solltest du die Kontrollplatine sehen.

2 An den meisten Kontroll-platinen ist ein dreiadriges Kabelband – zwei Kabel versorgen die Platine mit Strom, das dritte überträgt das Kontrollsignal.

3 Entlöte die beiden anderen Kabel, die mit der Platine verbunden sind (das drei-adrige Kabelband muss an der Platine bleiben). Damit gibt es keine Verbindung mehr zwischen der Kontrollplatine und dem Servo-motor. Nun kannst du die Kontroll-platine und das dreiadrige Kabel-band in einem Stück herausnehmen.

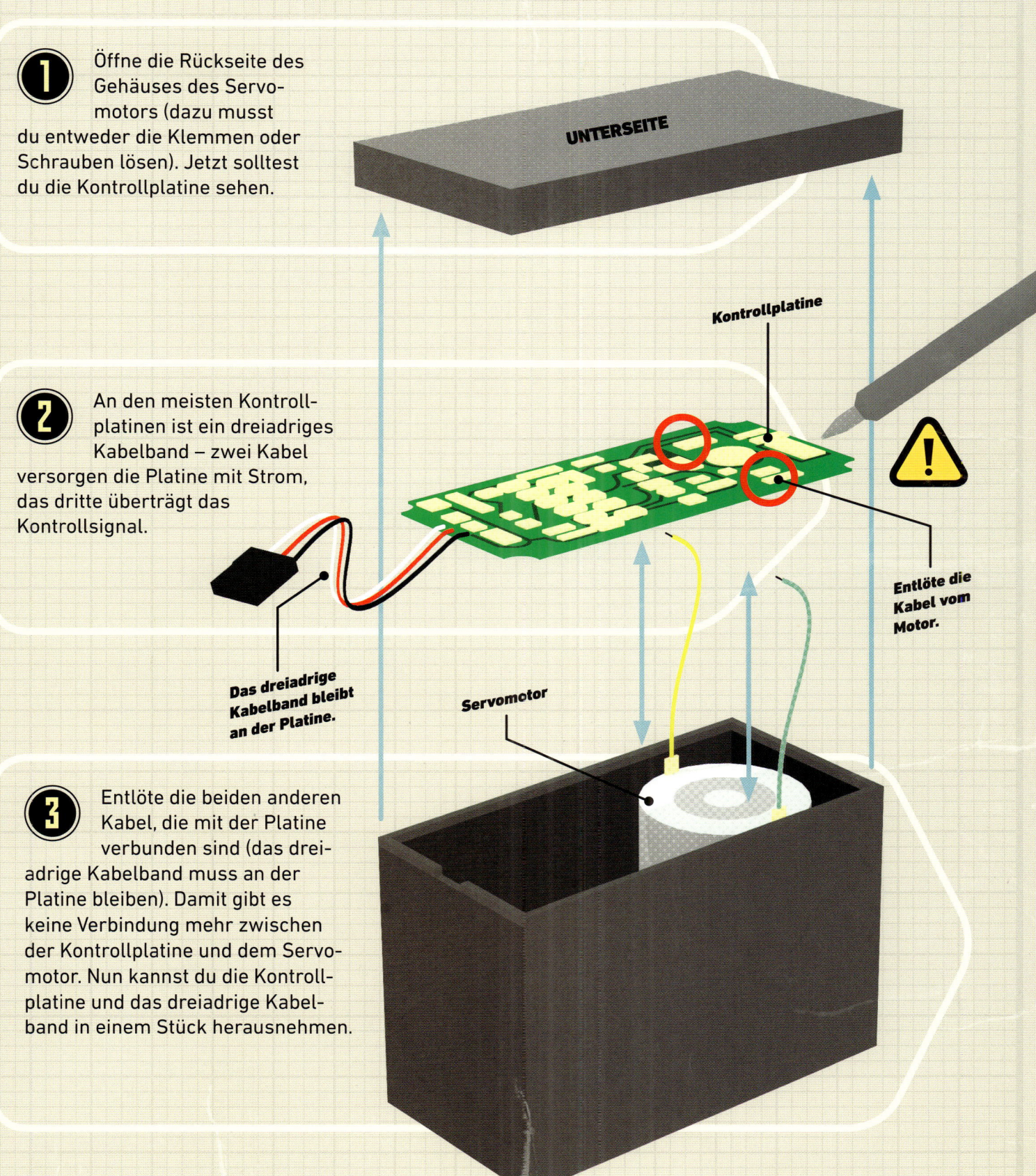

UNTERSEITE

Kontrollplatine

Entlöte die Kabel vom Motor.

Das dreiadrige Kabelband bleibt an der Platine.

Servomotor

4 Stecke nun ein Stückchen Schrumpfschlauch auf die zwei Motorkabel und löte neue Kabel daran. Ziehe den Schrumpfschlauch über die Lötstellen. So schützt du die Stellen vor einem Kurzschluss. Dann schließt du das Gehäuse. Für den zweiten Motor wiederholst du die Schritte 1 bis 4.

UNTERSEITE

Schrumpfschlauch

5 Der schwierigste Teil ist geschafft. Nun befestigst du die Servomotoren an dem Kühlschrankmagneten. Klebe die Motoren mit Heißkleber so auf, dass die Motorwellen in einer Linie ausgerichtet sind. Auf diese Weise kann der Roboter später senkrecht klettern.

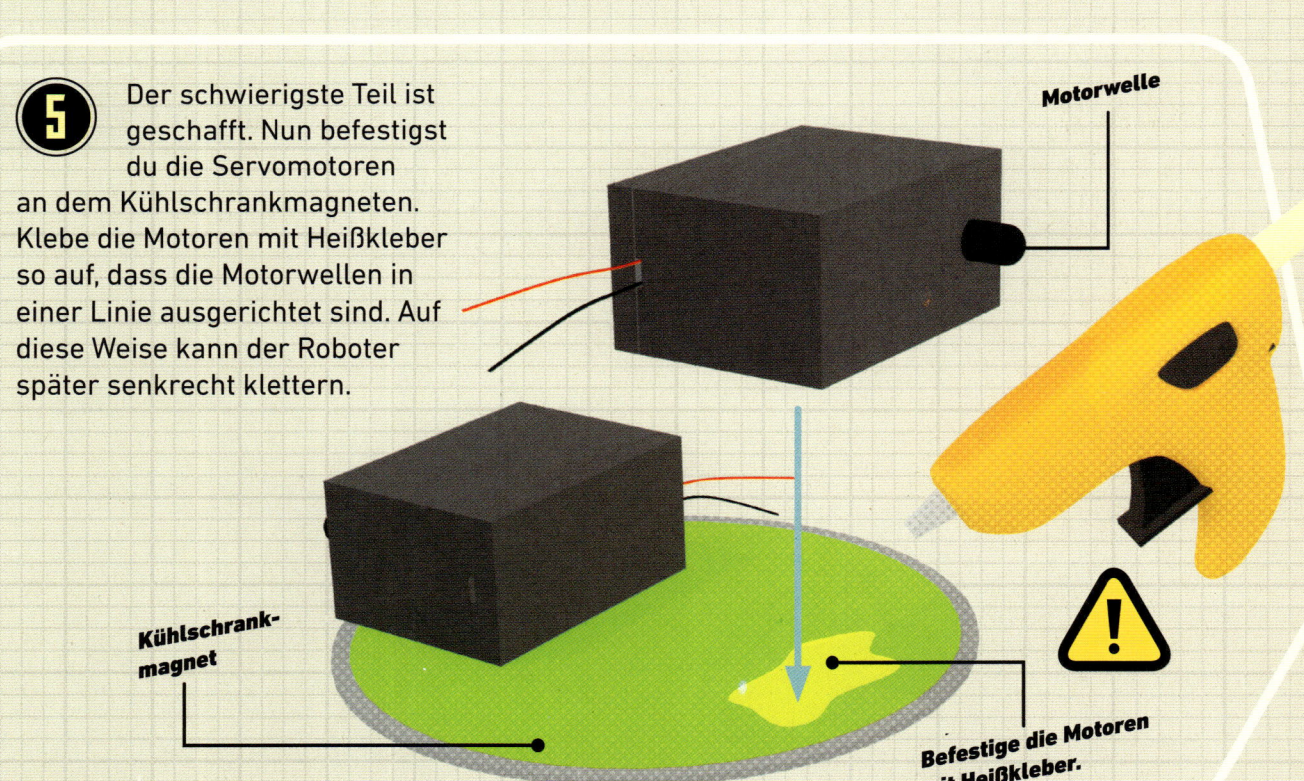

Motorwelle

Kühlschrank-magnet

Befestige die Motoren mit Heißkleber.

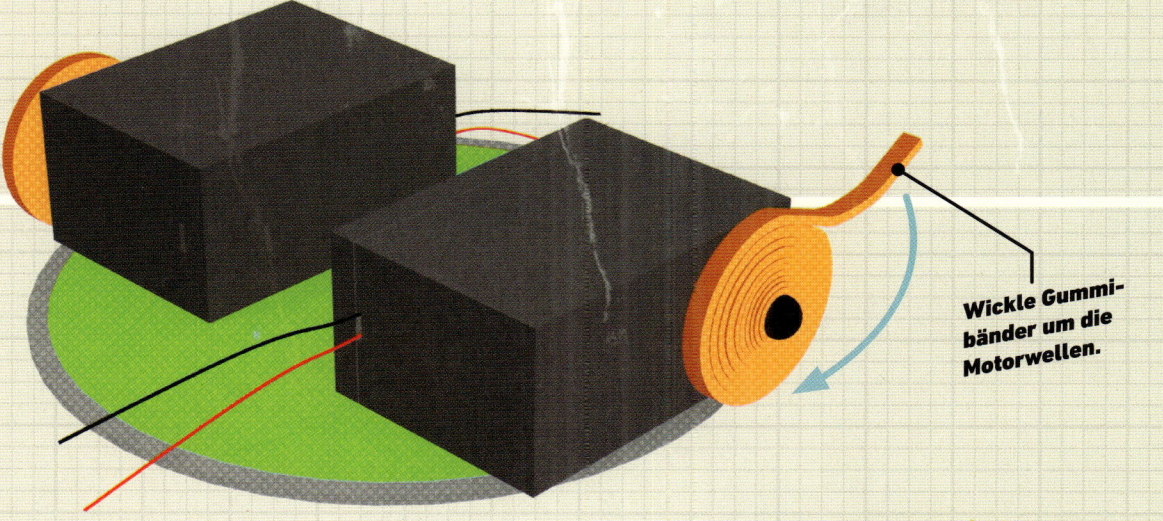

Wickle Gummibänder um die Motorwellen.

6 Schneide ein Gummiband auf und befestige ein Ende mit Heißkleber auf der Motorwelle. Dann wickelst du das Band um die Welle, bis eine Art Rad entsteht. Mit noch einem Tropfen Heißkleber verhinderst du, dass sich das Band abwickelt. Beim zweiten Motor gehst du genauso vor.

Wenn du die Motoren hier schon verkabeln würdest, würden sie sich entgegengesetzt drehen, da sie auf gegenüberliegenden Seiten des Magneten sitzen.

7 Jetzt müssen wir die Polarität von einem der Motoren verändern, damit er sich andersherum dreht. Nur dann bewegt sich der Roboter geradlinig. Wenn du in Schritt 4 ein rotes und ein schwarzes Kabel an die Motoren gelötet hast, nimmst du jetzt ein rotes und ein schwarzes Kabel von jedem Motor und verdrillst sie. Mit Heißkleber befestigst du den Batteriehalter. Löte die verdrillten Kabel an den Batteriehalter – fertig ist der Kletterroboter!

Bei Problemen

Ist dein Magnet zu stark, sodass sich der Roboter nicht bewegt? Kein Problem! Schneide dir aus Papier ein paar kleine Quadrate zurecht und mache sie unten am Magneten fest. Durch die kleine Lücke zwischen dem Metall und dem Magneten zieht er das Metall nicht mehr so stark an. Nun sollte der Roboter an der senkrechten Fläche haften bleiben, sich aber trotzdem daran hochbewegen.

Der Knopfzellenhalter wird mit Heißkleber befestigt.

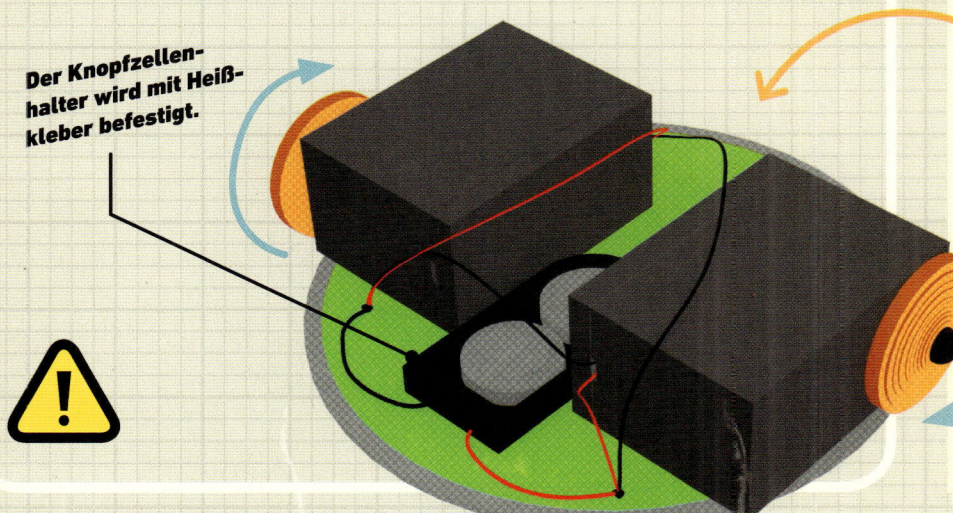

Du kannst dein Lesezeichen nach deinem Geschmack dekorieren. Am besten machst du das ganz am Anfang, damit du die Elektronik nicht beschädigst.

LED-Lesezeichen

Lesen ist toll, aber manchmal hat man nicht genug Licht. Dieses LED-Lesezeichen löst das Problem. Du kannst damit die Stelle im Buch markieren, bis zu der du gekommen bist. Es beleuchtet außerdem die Seite, sodass du auch im Dunkeln weiterlesen kannst.

Du brauchst:

- **Große Pappschachtel**
- **2 helle weiße LEDs**
- **Markierungsstift**
- **Druckschalter**
- **Knopfzellenhalter**
- **Lötzinn und Lötkolben**
- **Elektrische Kabel**
- **Heißkleber und Heißklebepistole**
- **Stecknadel oder Nähnadel**
- **1 Knopfzelle**

① Dein Lesezeichen kann jede beliebige Größe haben. Es sollte aber mindestens 4 cm × 10 cm messen, damit es groß genug für die innere Elektronik ist. Schneide aus der Pappschachtel zwei Rechtecke in gewünschter Größe als Lesezeichen aus. Klebe die bedruckten Seiten zusammen, sodass die unbedruckten Seiten außen sind.

② Kennzeichne die langen Beinchen der beiden LEDs mit einem Markierstift, sodass du weißt, welche Anschlüsse die positiven (+) sind. Dann schneide sie so zurecht, dass die positiven und die negativen Beinchen gleich lang sind.

Schneide das positive Beinchen zurecht.

Nach dem Umbiegen müssen die positiven und die negativen Beinchen deiner LEDs gleich lang sein.

LED 1   90°   90°

LED 2   90°   90°

③ Biege die Beinchen der ersten LED rechtwinklig (um 90°) gegen die LED-Unterseite. Dann biegst du die letzten 5 mm der Beinchen wieder rechtwinklig nach unten, von der LED weg. Biege nun auch die Beinchen der zweiten LED zurecht, aber spiegelverkehrt zur ersten LED, so wie hier im Bild gezeigt.

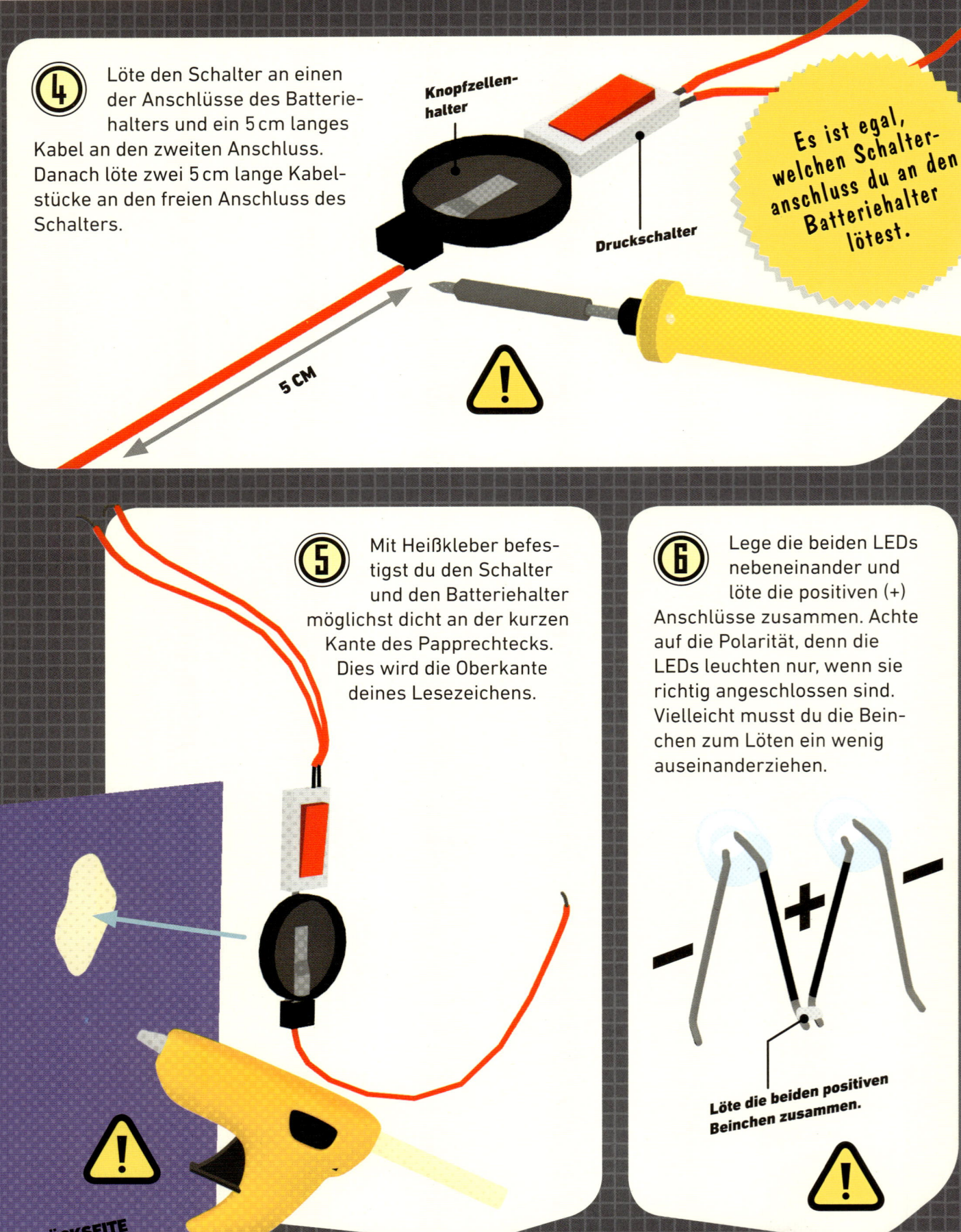

④ Löte den Schalter an einen der Anschlüsse des Batteriehalters und ein 5 cm langes Kabel an den zweiten Anschluss. Danach löte zwei 5 cm lange Kabelstücke an den freien Anschluss des Schalters.

Knopfzellen-halter

Druckschalter

Es ist egal, welchen Schalter-anschluss du an den Batteriehalter lötest.

5 CM

⑤ Mit Heißkleber befestigst du den Schalter und den Batteriehalter möglichst dicht an der kurzen Kante des Papprechtecks. Dies wird die Oberkante deines Lesezeichens.

RÜCKSEITE

⑥ Lege die beiden LEDs nebeneinander und löte die positiven (+) Anschlüsse zusammen. Achte auf die Polarität, denn die LEDs leuchten nur, wenn sie richtig angeschlossen sind. Vielleicht musst du die Beinchen zum Löten ein wenig auseinanderziehen.

− + −

Löte die beiden positiven Beinchen zusammen.

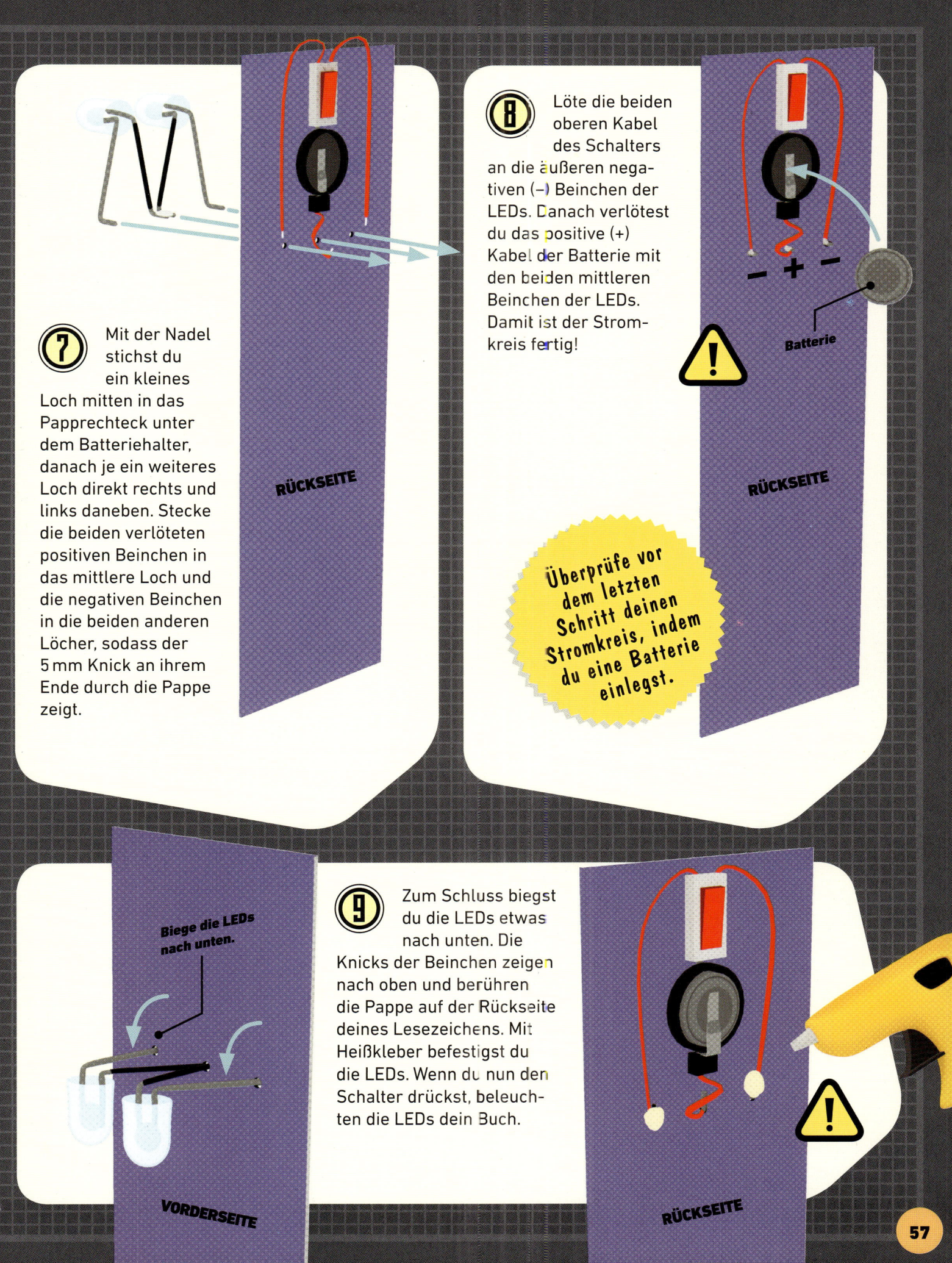

7 Mit der Nadel stichst du ein kleines Loch mitten in das Papprechteck unter dem Batteriehalter, danach je ein weiteres Loch direkt rechts und links daneben. Stecke die beiden verlöteten positiven Beinchen in das mittlere Loch und die negativen Beinchen in die beiden anderen Löcher, sodass der 5 mm Knick an ihrem Ende durch die Pappe zeigt.

RÜCKSEITE

8 Löte die beiden oberen Kabel des Schalters an die äußeren negativen (–) Beinchen der LEDs. Danach verlötest du das positive (+) Kabel der Batterie mit den beiden mittleren Beinchen der LEDs. Damit ist der Stromkreis fertig!

– + –

Batterie

RÜCKSEITE

Überprüfe vor dem letzten Schritt deinen Stromkreis, indem du eine Batterie einlegst.

Biege die LEDs nach unten.

VORDERSEITE

9 Zum Schluss biegst du die LEDs etwas nach unten. Die Knicks der Beinchen zeigen nach oben und berühren die Pappe auf der Rückseite deines Lesezeichens. Mit Heißkleber befestigst du die LEDs. Wenn du nun den Schalter drückst, beleuchten die LEDs dein Buch.

RÜCKSEITE

Taschenlampe

Eine Taschenlampe ist unglaublich nützlich, aber das merkt man meist erst, wenn der Strom ausfällt und man sie nicht griffbereit hat. Für solche Situationen bauen wir eine kleine Taschenlampe, die du immer bei dir tragen kannst, sodass sie sofort einsatzbereit ist.

Auf geht's

Du brauchst:

- **Lötzinn und Lötkolben**
- **Flaschendeckel (Plastik)**
- **Lötspitzenreiniger**
- **2 LED-Halter**
- **2 helle weiße LEDs**
- **Heißkleber und Heißklebepistole**
- **Druckschalter**
- **Elektrische Kabel**
- **Isolierband**
- **1 Knopfzelle**
- **Dünnes Plastik oder Schaumstoff**

> Bitte einen Erwachsenen, dir bei diesen Schritten zu helfen. Sorge dafür, dass dein Arbeitsplatz gut belüftet ist.

① Heize deinen Lötkolben auf und mache mit der Spitze vorsichtig ein kleines rundes Loch in die Seite des Plastik-Flaschendeckels. So dicht daneben wie möglich machst du ein zweites Loch. Die beiden Löcher dürfen sich aber nicht berühren.

 Mit dem heißen Lötkolben machst du nun ein Loch genau in die Mitte des Flaschendeckels. Dies wird später die Öffnung für den Schalter. Das Loch muss also groß genug sein, dass der Taster hindurchpasst. Danach säuberst du die Spitze des Lötkolbens mit einem Reiniger.

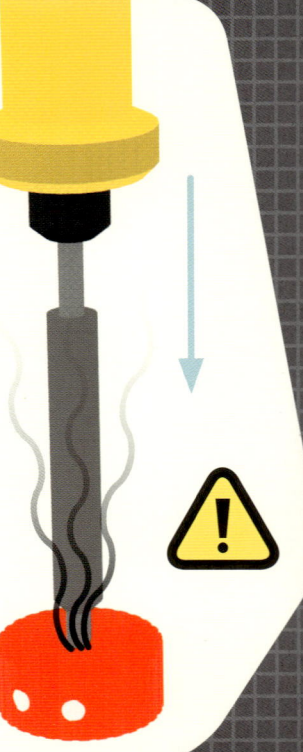

In diesem Projekt benutzen wir den Lötkolben auf eine ganz andere Art als sonst.

3 Die LED-Halter haben außen ein Gewinde. Schraube sie in die Löcher an der Seite deines Flaschendeckels. Dann steckst du die LEDs in die Halter. Richte die Beinchen parallel, also in einer Linie, aus. Mit einem Tropfen Heißkleber kannst du die LEDs nun befestigen.

Richte die Beinchen der LEDs aus.

LED-Halter

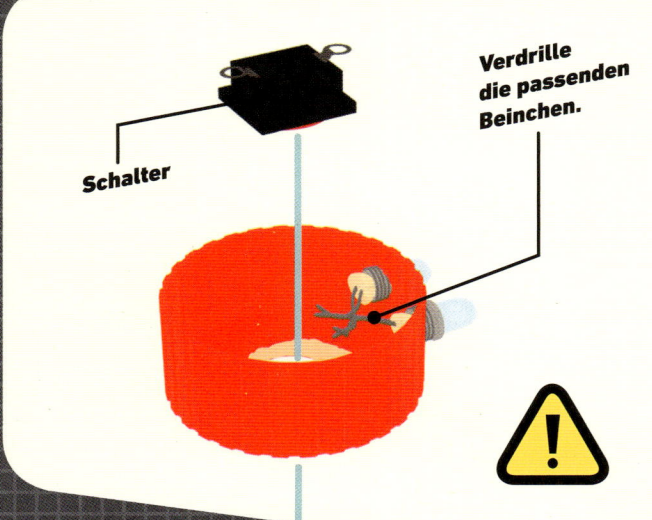

Schalter

Verdrille die passenden Beinchen.

④ Verdrille die langen Beinchen der LEDs miteinander, dann die kurzen. Biege die Beinchenpaare aus dem Weg, um den Schalter anzubringen. Führe den Taster durch das große Loch in deinem Flaschendeckel ein. Wenn er richtig sitzt, kannst du ihn mit Heißkleber befestigen.

⚠️

⑤ Prüfe, ob alle Plastikreste von der Lötspitze entfernt wurden, dann löte ein Beinchenpaar der LEDs an einen Anschluss des Schalters. Danach lötest du ein kurzes Stück Kabel an den anderen Anschluss des Schalters. Später wird es zur Batterie führen. Mit einem Stück Isolierband isolierst du die Verbindungen von Schalter, Kabel und den verlöteten Beinchen.

Isolierband

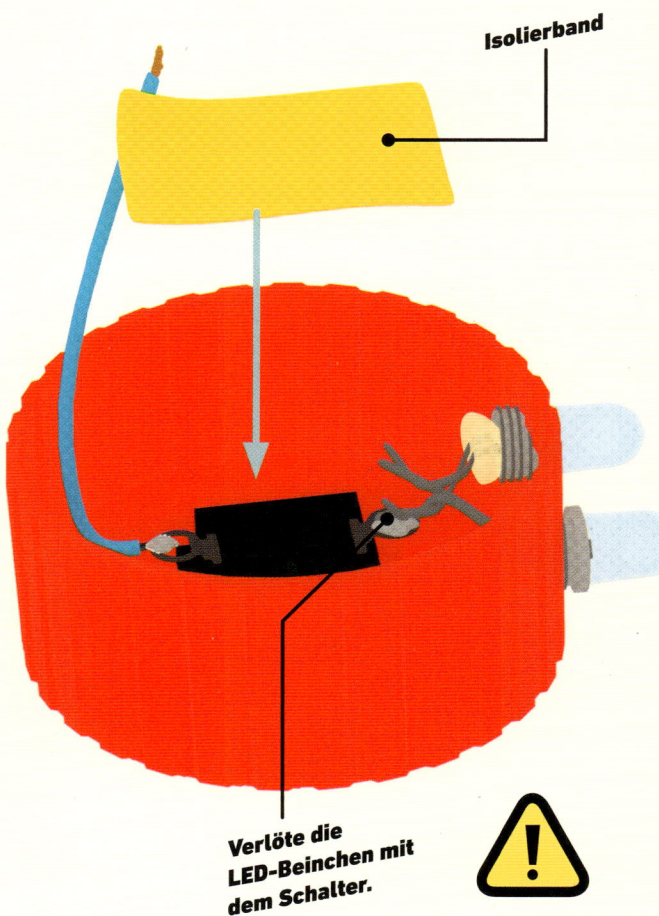

Es ist egal, welche Beinchen du mit dem Schalter verlötest, weil du die Batterie so einlegen kannst, dass ihre Polarität mit den LEDs übereinstimmt.

Verlöte die LED-Beinchen mit dem Schalter.

⚠️

6 Löte die beiden anderen LED-Beinchen zusammen und drücke sie von oben auf das Isolierband. Das Band muss alle Verbindungen darunter abdecken, sodass die LED-Beinchen sie nicht berühren. Lege die Batterie oben auf die Beinchen. Um den Stromkreis zu schließen, legst du dann das an den Schalter angelötete Kabel auf die Oberseite der Batterie.

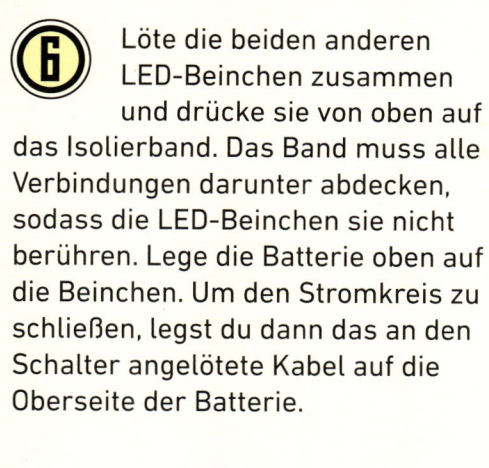

Knopfzellen-batterie

Verlöte die LED-Beinchen miteinander.

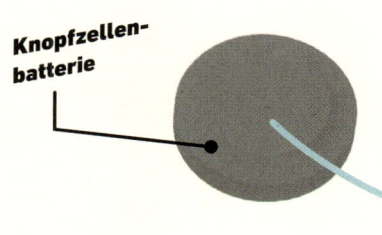

7 Nun prüfst du, ob alles richtig verbunden ist. Dazu hältst du das Kabel gegen die Batterie und drückst den Schalter. Wenn alles in Ordnung ist, kannst du das Kabel mit Isolierband an der Batterie festkleben. Danach verschließt du den Flaschendeckel mit einem Stück Plastik, damit die Bauteile innen geschützt sind und nicht verrutschen. Drücke den Schalter, um deine Taschenlampe anzumachen – und es wird hell!

Bei Problemen

Wenn deine LEDs nicht angehen, obwohl du die Batterie richtig herum eingesetzt hast, gab es vielleicht einen Kurzschluss. Prüfe nach, ob das Isolierband wirklich die Verbindung von LEDs und Schalter im Inneren deiner Lampe komplett abdeckt.

Glossar

Ampere
Gesetzliche Maßeinheit, in der die Stärke des elektrischen Stroms gemessen wird.

Anschluss (Klemme)
Punkt, an dem man ein elektrisches Bauteil mit einem Stromkreis verbindet. Eine Batterie z. B. hat zwei Anschlüsse, einen positiven (+) und einen negativen (−).

Batterie (elektrochemische Zelle)
Eine Batterie wandelt chemische Energie durch Elektronenübertragung in elektrische Energie um.

Druckschalter (Taster)
Schalter, der einen Stromkreis schließt, solange man ihn drückt.

Einschalter
Schalter, der einen einzigen Stromkreis öffnet oder schließt.

Elektrischer Leiter
Ein Material mit möglichst geringem Widerstand, das Elektrizität gut leitet.

Elektrischer Stromkreis
Weg eines elektrischen Stroms. Er beginnt in einer Batterie und fließt durch eine ununterbrochene Leitung zurück.

Elektron
Ein negativ geladenes winziges Teilchen, das frei beweglich ist und elektrische Leitfähigkeit bewirkt.

Gleichstrom (DC)
Stromfluss von Elektronen in eine bestimmte Richtung.

Knopfzelle
Kleine Batterie in Form eines Knopfes, die für viele tragbare elektronische Geräte genutzt wird.

Kurzschluss
Ungewollte Verbindung von zwei unter Spannung stehenden elektrischen Leitungen, die zu einer Störung führt.

LED
Kurz für lichtemittierende Diode. Sie erzeugt helles Licht bei geringem Stromverbrauch.

Litze
Ein Kabel ohne Isolierung, das aus biegsamen dünnen Drähten besteht.

Löten
Das Verbinden von Metallen, z. B. Kabeln, mithilfe von Hitze und Lötzinn, das bereits bei niedrigen Temperaturen schmilzt.

Magnetisch
Bestimmte Eigenschaft eines Materials, das von einem Magneten angezogen werden kann.

Parallelschaltung
Stromkreis, in dem alle Bauteile dieselbe Polarität haben. An allen liegt dieselbe Spannung an.

Platine
Dünne Leiterplatte, die Träger und Anschluss für elektronische Bauteile ist.

Polarität
Die Richtung des Stroms in einem Stromkreis. Der Strom fließt immer vom positiven (+) zum negativen (-) Pol.

Reihenschaltung

Ein Stromkreis, bei dem die Bauteile hintereinander angeordnet sind. Alle Bauteile werden von demselben Strom durchflossen.

Seltenerdmagnet

Ein sehr starker Dauermagnet aus Legierungen der Seltenerdmetalle Bor, Neodym und Eisen.

Servomotor

Ein Elektromotor, der eine vorgegebene Drehung (z. B. eine Vierteldrehung) ausführt und dann stoppt.

Spannung

Die „Stärke" einer elektrischen Spannungsquelle (wie einer Batterie), gemessen in Volt.

Steckplatine

Eine Platte zum Testen elektrischer Stromkreise.

Strom

Die Bewegung von Elektronen in eine bestimmte Richtung.

Stromstärke

Die Menge des in einer bestimmten Zeit durch einen Leiter fließenden Stroms.

Volt

Gesetzliche Maßeinheit für die elektrische Spannung.

Wechselschalter

Ein Schalter, der zwei Stromkreise schaltet.

Wechselstrom (AC)

Elektrischer Strom, dessen Richtung etliche Male pro Sekunde wechselt.

Widerstand

Ein Hindernis in einem Stromkreis, das einen elektrischen Strom hemmt.

NOCH MEHR CLEVERE BÜCHER

Register